全民健康安全知识丛书

食品安全知识读本

主编　李国光

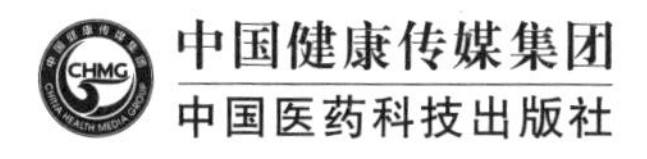

内 容 提 要

本书主要从食品安全基本知识、食品可能存在的不安全因素、如何在日常生活中注意食品安全、如何有效预防食品安全风险四个方面介绍了消费者关心的食品安全问题，帮助读者了解哪些是可能导致食品不安全的危险因素，哪些并不是真正的食品安全问题，把握好食品安全的众多关口，购买安全放心的食品，参与食品安全共治，共享安全饮食生活。

图书在版编目（CIP）数据

食品安全知识读本 / 李国光主编．—北京：中国医药科技出版社，2017.4

（全民健康安全知识丛书）

ISBN 978-7-5067-9027-7

Ⅰ．①食… Ⅱ．①李… Ⅲ．①食品安全—普及读物 Ⅳ．① TS201.6-49

中国版本图书馆 CIP 数据核字（2017）第 013696 号

美术编辑 陈君杞
版式设计 锋尚设计
插　　图 张　璐

出版 **中国健康传媒集团｜中国医药科技出版社**
地址 北京市海淀区文慧园北路甲 22 号
邮编 100082
电话 发行：010-62227427　邮购：010-62236938
网址 www.cmstp.com
规格 710 × 1000mm $^1/_{16}$
印张 $9^3/_4$
字数 97 千字
版次 2017 年 4 月第 1 版
印次 2020 年 8 月第 3 次印刷
印刷 三河市百盛印装有限公司
经销 全国各地新华书店
书号 ISBN 978-7-5067-9027-7
定价 25.00 元

前言

俗话说，民以食为天，食品是人类赖以生存的基本物质基础。随着生活水平的日益提高，我们已不必为吃不饱饭而担心，“食以安为先”的观念渐渐成为食品问题的主题。随着市场竞争的不断加剧，一些不法商贩为了牟取利益最大化，掺杂使假、违法添加非食品用化学物质、超范围超量使用食品添加剂等，三聚氰胺奶粉、瘦肉精猪肉、苏丹红鸭蛋等事件引起了消费者对食品安全问题的极大担忧。

食品安全关系人民群众生命健康，食品安全身系国家公共安全，党中央、国务院高度重视食品安全工作，习近平总书记提出了“四个最严”要求，即以最严谨的标准、最严格的监管、最严厉的处罚、最严肃的问责，全面加强食品安全工作。全国人大修订了食品安全法，新食品安全法的宣传、贯彻、落实不断深入，有力推动了食品安全工作。食品生产者、各类媒体、广大消费者都纷纷加入到共治食品安全的阵营中，维护食品安全已经成为全社会共同的行为。保障食品安全，政府强基固本、企业诚信经营、媒体监督引导、公众积极参与，缺一不可。

食品安全没有“零风险”，食品安全人人关心，维护食品安全人人有责。作为消费者，掌握必要的食品安全知识，提高食品安全意识，就可以有效地避免食品安全事件的伤害。本书从食品安全基本知识讲起，对掺杂使假、食品添加剂滥用、食品污染的危害、各类食品中常见的可能存在的不安全因素进行了详细的介绍。对日常生活中应该注意哪些问题才能消除食品安全风险，以及如何科学地选购食品才能预防食品安全风险等问题也在书中给出了答案。希望广大读者可以通过阅读本书，了解到哪些是可能导致食品不安全的危险因素，哪些并不是真正的食品安全问题，如何把握好食品安全的众多关口，如何买到安全放心的食品，以给自己的生活带来帮助和指导。

编　者

2017年1月

目录

第一章 食品安全的基本知识

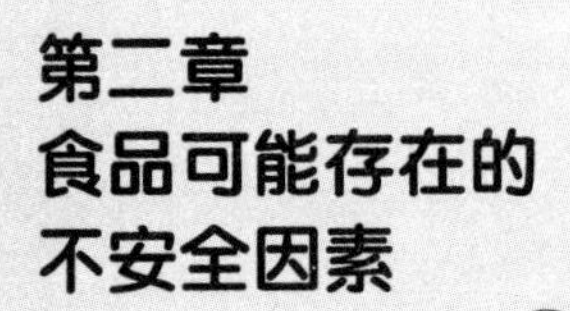

第二章 食品可能存在的不安全因素

第三章 如何在日常生活中注意食品安全

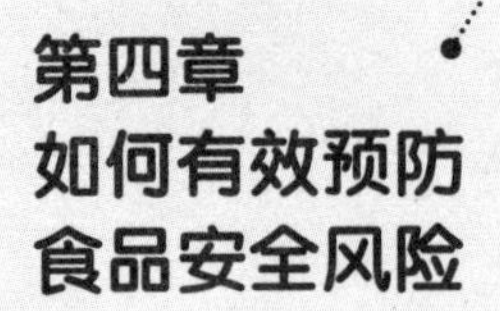

第四章 如何有效预防食品安全风险

第一章

食品安全的基本知识

1 孔子的“五不食”是指什么

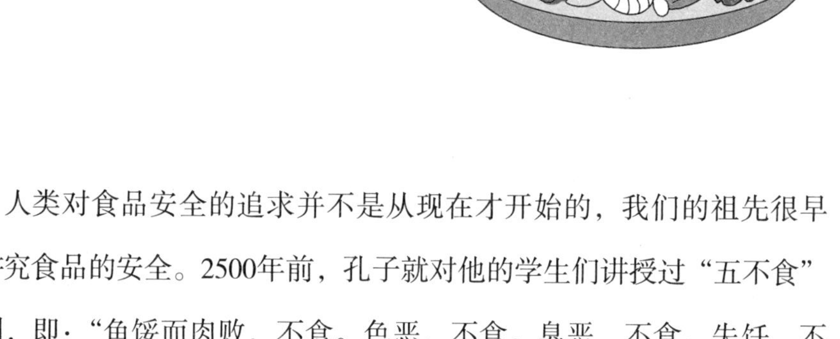

人类对食品安全的追求并不是从现在才开始的，我们的祖先很早就讲究食品的安全。2500年前，孔子就对他的学生们讲授过“五不食”原则，即：“鱼馁而肉败，不食。色恶，不食。臭恶，不食。失饪，不食。不时，不食”。世界各民族都从自己生存的经验中，总结出了许多饮食禁忌、警语和禁规，流传至今，其中很多仍然具有现实意义。

人类社会明确提出食品安全问题是在20世纪后期。这一时期，随着食品资源过度开发，食品生产规模不断扩大，环境污染日趋严重，特别是影响食品安全的恶性事件频频发生，引起了国际社会、各国政府和民众的广泛关注，对食品安全的认识也不断深化，食品安全的含义逐渐清晰。

2 什么是食品安全

食品安全指食品无毒、无害，满足应当有的营养要求，对人体健康不造成任何急性、亚急性或者慢性危害。

食品安全针对的是食品中可能存在的危害物，是对所有消费者而言的；食品质量针对的是食品的营养、风味、状态，反映的是不同民族、不同国家、不同消费习惯和消费层次的需求。

食品质量的基本要求有5个方面：

- 具有较好的外观形态。
- 具有良好的风味。
- 具有良好的质构。
- 有营养价值。
- 符合食品安全及相关质量标准。

为什么说“食品安全没有‘零风险’”

根据我国《食品安全法》对食品安全的界定，食品安全问题包括三个要素。

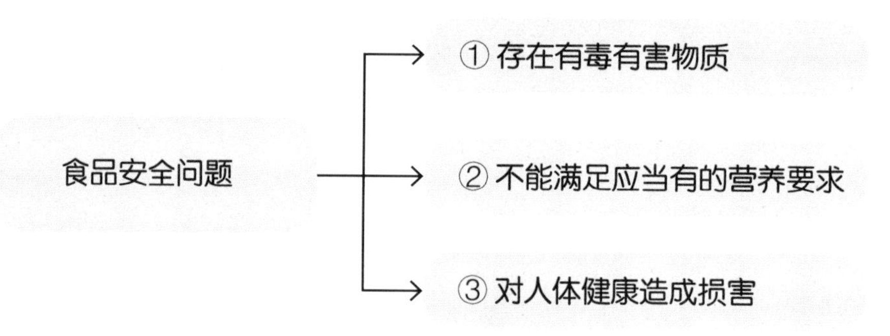

如果某种食品由于①及/或②方面的原因，并已导致人体健康的损害，这就是食品产生了风险。因为①和②两方面受到复杂环境因素（如空气、土壤受到各种污染）及人们饮食行为因素影响，所以食品安全不可能存在“零风险”。零风险只是个美好的愿望。无论采取何种方式生产、制作食品，无论谁来监管，都不可能做到零风险。我们的努力是尽可能降低食品安全风险，将风险控制在可接受的范围内，最大限度地减少对消费者健康的危害。

人们对食品安全风险往往存在误解。

一是把曝光的几件食品安全事件当成普遍现象，产生不必要的担心。

二是把监管部门公示的食品卫生监测结果误认为是食品安全事件。例如把“检出农药残留”与“危害健康”划等号，事实上，任何有毒有害物质只有达到一定剂量才会致害。农药残留只要不超过国家标准限量值，就是安全的。

三是把一般不合格食品也当成有害食品，如超过保质期、标签不符、产品质量不符合国标等，这些固然是问题，但一般不会招致健康损害。

四是误解添加剂，已经曝光的几个事件如苏丹红、瘦肉精等，是非法使用非食用化学物质所致，并非是添加剂。按国标使用添加剂的产品是安全的。

为了在生活中降低食品安全上的风险，在日常生活中需要注意三点：①食物多样化，既能保证营养均衡，又能减少吃到不安全食品的机会。②要到大的超市、商场购买大企业的品牌食物。③学用一些食品安全方面的科学知识。

4 什么是食品添加剂

食品添加剂是为改善食品品质和色、香、味以及为防腐、保鲜和加工工艺的需要而加入食品中的人工合成或者天然物质，包括营养强化剂。

许多消费者一提起食品添加剂，往往产生反感。生产者为迎合消费者在产品上加贴“不含食品添加剂”标志，其实这些都是对食品添加剂的一种错误认识。

《中华人民共和国食品安全法》（以下简称《食品安全法》）中规范了食品添加剂的生产和应用，食品添加剂应当在技术上确有必要且经过风险评估证明安全可靠，方可列入允许使用的范围；不得在食品生产中使用食品添加剂以外的化学物质和其他可能危害人体健康的物质。

科学、合理、合法地使用合格的食品添加剂是食品科学的进步，但要反对滥用、错用和违法使用食品添加剂。事实上许多添加剂的使用正是为了用最节能、最节省资源的方法防止食物变质和产生影响健康的毒素。保证食品添加剂安全使用是不能超过规定的每天允许摄入量（ADI）；在食品生产中只要按国家标准添加食品添加剂，消费者就可以放心食用。

食品中为什么要添加食品添加剂

防止变质，利于保存

防腐剂可以防止由微生物引起的食品腐败变质，延长食品的保存期，同时还具有防止由微生物污染引起的食物中毒。抗氧化剂则可阻止或推迟食品的氧化变质，以提高食品的稳定性和耐藏性，同时也可防止可能有害的油脂自动氧化物质的形成。此外，还可用来防止食品，特别是水果、蔬菜的酶促褐变与非酶褐变。这些对食品的保藏都是具有一定意义的。

改善食品的感官性状

食品的色、香、味、形和质地等是衡量食品质量的重要指标。适当使用着色剂、护色剂、漂白剂、食用香料以及乳化剂、增稠剂等食品添加剂，可以明显提高食品的感官质量，满足人们的不同需要。

保持或提高食品的营养价值

在食品加工时适当地添加某些属于天然营养范围的食品营养强化剂，可以大大提高食品的营养价值，这对防止营养不良、营养缺乏、促进营养平衡、提高人们健康水平具有重要意义。

增加食品的品种和方便性

现在市场上已拥有多达2万种以上的食品可供消费者选择，尽管这些食品的生产大多通过一定包装及不同加工方法处理，但在生产过程中，一些色、香、味俱全的产品，大都不同程度地添加了着色、增香、调味乃至其他食品添加剂。正是这些众多的食品，尤其是方便食品的供应，给人们的生活和工作带来极大的方便。

有利食品加工，适应生产机械化和自动化

在食品加工中使用消泡剂、助滤剂、稳定和凝固剂等，可有利于食品的加工操作。例如，当使用葡萄糖酸内酯作为豆腐凝固剂时，可有利于豆腐生产的机械化和自动化。

满足其他特殊需要

食品应尽可能满足人们的不同需求。例如，糖尿病患者不能吃糖，则可用无营养甜味剂或低热能甜味剂制成无糖食品。

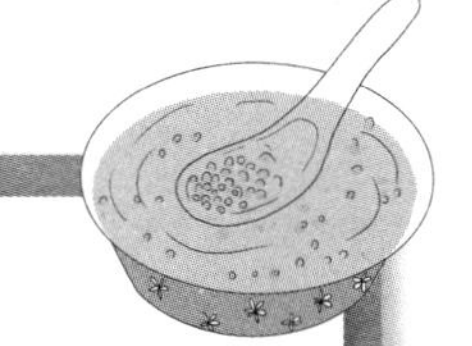

食品添加剂催生了五颜六色的现代食品

品尝一块蛋糕，感觉它松软细腻可口，有甜甜的奶香味。其实，蛋糕的每一种特征都来自食品添加剂：其松软，是膨松剂的功劳；其细腻，是依靠蛋糕油做到的；其奶香，是奶精的味道；如果想要甜味与果香，就得加入甜味剂与香精等。琳琅满目的食品，如果把防腐剂取消，还有多少东西能在货架上保存？没有添加剂，货架上的饼干、方便面肯定没有了；如果不允许添加色素，那么市场上销售的产品都是暗淡的，糖果肯定也不是现在的颜色。食品添加剂是日常食品生产加工必不可缺少的可食用物质。

自从人类发现熟食后，就知道在烹制和保存食品过程中加入某些物质可以改善食品的感官及其他性质等。例如，东汉时期我国先民就发明用石膏或卤水做豆腐；1000多年前，我国就有用红曲对肉和面粉食品染色的方法；800多年前，我国宋代人民就采用亚硝酸盐制作熟肉食品。随着近现代化学工业的发展，食品添加剂的研究快速发展。可以这样说，大规模的现代食品工业，与食品添加剂的发展密切相关，食品添加剂是现代食品工业的“灵魂”。

6 食品污染有哪些来源

食品污染是指食品在生产、养殖、加工、包装、运输、贮藏、销售、烹调等过程中，沾染、混进、加入或产生了有毒有害的化学性、生物性或物理性物质，导致对食品安全以及对人体健康带来潜在危害的过程。食品污染来源是多源性的，包括两大方面。

内源性污染

动、植物体在生长发育过程中，由于本身带有的生物性或从环境中吸收的化学性或放射性物质而造成的食品污染称为内源性污染。畜禽在屠宰前受到的污染（可称为生前污染），又称第一次污染。

（1）内源性生物性污染 如动物在生长发育过程中被某些致病性微生物感染，如炭疽杆菌、布氏杆菌、结核杆菌、寄生虫等，其产品就会带有这些病原微生物或其毒素，从而造成污染。

（2）内源性化学性污染 畜禽吃食受化学污染的饲料而使污染物富集，富集浓度可达饲料或环境浓度的许多倍。如日本的水俣病，就是农药厂排放到海水中的无机汞，被水生生物经过甲基化转化为甲基汞，再通过浮游生物、小鱼、大鱼这条食物链，使大鱼体内富集了高浓度的甲基汞，人吃了这种大鱼，就会得水俣病（是一种损害神经系统的疾病）。

（3）内源性放射性污染 是水生生物对放射性物质的浓集作用导致的污染。

外源性污染

食品在生产、加工、运输、贮藏、销售、烹调等过程中，由于不遵守操作规程或不按卫生要求，导致食品的生物性、化学性或物理性污染称为外源性污染，又称第二次污染。主要有水体污染、大气污染、加工过程中的污染、储藏过程中的污染、病媒害虫的污染、烹调过程污染。

（1）外源性生物性污染 包括微生物、寄生虫及昆虫的污染。微生物污染主要有细菌与细菌毒素、真菌与真菌毒素以及病毒等的污染。污染食品的细菌包括可引起食物中毒、人畜共患传染病等的致病菌、引起食品腐败变质的非致病菌（统称为腐败菌）。寄生虫及其虫卵主要是通过患者、病畜的粪便直接污染食品或通过水体和土壤间接污染食品。昆虫污染主要包括粮食中的甲虫、螨类、蛾类以及动物食品和发酵食品中的蝇、蛆等污染。

（2）外源性化学性污染 涉及范围较广，主要包括：①来自生产、生活和环境中的污染物，如农药、兽药、有毒金属、多环芳烃化合物、N-亚硝基化合物、杂环胺、二噁英、三氯丙醇等。②食品容器、包装材料、运输工具等接触食品时融入食品中的有害物质。③滥用食品添加剂。④在食品加工、贮藏过程中产生的物质，如酒中有害的醇类、醛类等。⑤掺假、制假过程中加入的物质，如在辣椒粉中掺入的化学染料苏丹红。

（3）外源性物理性污染 有的物理性污染物可能并不威胁消费者的健康，但是严重影响了食品应有的感官性状和（或）营养价值，如粮食收割时混入的草籽、液体食品容器中的杂物、食品运销过程中的灰尘等；肉中注入的水、奶粉中掺入大量的糖等。

食品污染有什么危害

食品污染，无论是生物性、化学性或物理性污染，都会对食品本身的性质产生不良影响，更重要的是对人体健康造成危害。食品污染的危害主要包括以下两大方面。

使食品腐败变质

鱼、肉、禽、蛋类等富含蛋白质的食品，在养殖、捕捞、屠宰、加工、贮藏、运输等环节中，很容易受到微生物的污染和侵袭。食品中大量水分和丰富的营养物质，如果温度适宜，微生物就加快生长、繁殖。微生物分泌各种酶，促使食品中蛋白质、脂肪、糖类等营养成分发生分解，由高分子物质分解为低分子物质，如氨、三甲胺、硫化氢、吲哚、硫醇等，产生难闻的恶臭，这就是腐败变质。腐败变质的食品，不仅感官性状恶化，营养素遭到破坏，降低其营养价值，而且其中有毒有害物质，人吃了会引起食物中毒。此外，其他食品在不良条件下存放时间过长，如蔬菜发黄烂叶、粮食发酵、米饭变馊、油脂变哈、水果腐败、饮料变酸、咸菜长毛等，都是食品腐败变质的表现。

引起食源性疾病

食源性疾病是指通过污染的食品而进入人体的有毒有害物质（包括生物性病原体）所引起的疾病。这些有毒有害物质包括病毒、细菌、寄生虫和存在于农业、环境、食品生产过程中的有害因子以及危险化学品和生物毒素。可以把这些因素统称为病原物质。

食源性疾病已成为我国食品安全的头号问题。

食源性疾病具有以下特征：①在暴发或传播流行过程中，食品是传播病原物质的载体。②其病原物质是存在于食物中的各种致病因子，如上述的病毒、细菌、化学物质等。③食入含有致病因子的食物后，可以引起两大类临床综合征：一类是急性和慢性中毒性疾病，前者如有机磷农药中毒，后者如水俣病；另一类是急性和慢性感染性疾病，如细菌性食物中毒。

此外，国际上一般将某些与饮食有关的慢性非传染病如食源性变态反应性疾病（包括过敏性疾病）、高血压、冠心病、肿瘤、肥胖、糖尿病等也划归为食源性疾病的管理范围。

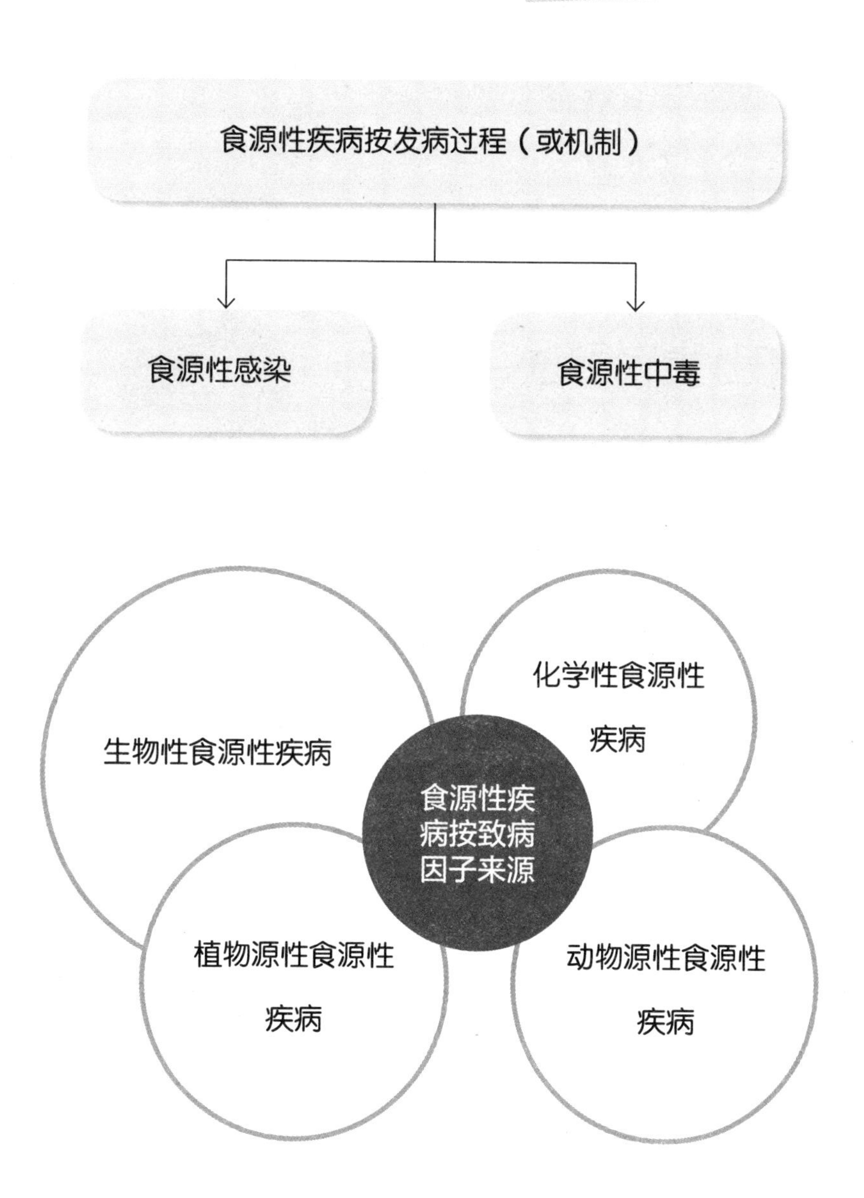
食源性疾病按发病过程（或机制）
食源性感染
食源性中毒
生物性食源性疾病
化学性食源性疾病
食源性疾病按致病因子来源
植物源性食源性疾病
动物源性食源性疾病

8 食物中毒的特点和分类有哪些

食物中毒是指正常人经口摄入正常数量的食物，但实际上该食物含有有毒有害物质，或将有毒物品当作食物食用后发生的一种急性或亚急性感染或中毒性综合征。有些疾病虽然与饮食有关，但不属于食物中毒，如有的人生来就缺乏乳糖酶，喝了牛奶后就会有不良反应，甚至恶心呕吐；又如有的人在宴席上暴饮暴食，导致身体不适甚至出现胃肠炎症状，而同桌的其他人餐后没有异常表现；再如因食品卫生状况不良引起的传染病，像心血管疾病等许多慢性病，虽然也与饮食不合理有关，但不列为食物中毒。

食物中毒有什么特点

（1）**发病快，来势猛，群发性** 即在较短时间内突然产生一批患者。

（2）**有共同的食物暴露史** 通过调查可发现，患者都会怀疑吃了某种同样被污染的食物，凡发病者都食用过该食物，而未食用过该食物者无发病。

（3）**患者症状相似** 同一批食物中毒患者的临床表现很相似，一般都有相似的急性胃肠炎症状，或者有同样的神经系统中毒症状。

（4）**无传染** 一般无人传人的现象。

（5）**有季节性高发现象** 如细菌性食物中毒全年都有发生，但多以夏秋季为主。

（6）**有地区性** 如副溶血性弧菌食物中毒多发生在沿海地区，而发酵米面和霉甘蔗中毒多发生在北方。

食物中毒分哪几类

按病原学可分为 4 类。

（1）**细菌性食物中毒** 如沙门菌、变形杆菌、副溶血性弧菌、致病性大肠埃希菌、葡萄球菌、肉毒梭菌、椰毒假单胞菌酵米面亚种、志贺菌等。

（2）**食品霉变及真菌毒素中毒** 如黄曲霉毒素、赤霉病麦、霉变甘蔗中毒等。

（3）**有毒动植物食物中毒** 如猪甲状腺、河豚中毒，毒蕈、桐油、发芽的马铃薯中毒等。

（4）**化学性食物中毒** 如砷、亚硝酸盐、农药中毒等。

食源性疾病

食物中毒

食物中毒与食源性疾病有什么区别

食源性疾病是指由于食用食物而引发的任何传染性疾病或中毒性疾病。食物中毒属于食源性疾病中的一种，是指由于细菌、毒素和化学物质污染食品或误食有毒物质引起的急性或亚急性中毒或感染性疾病。通常因一次大量摄入有毒有害物质所致，具有发病急、群发性、病情重、需要及时抢救的特点。而因食品污染、长期少量摄入有毒有害物质引起的慢性中毒，以致发生“三致”等危害，是属于慢性食源性疾病，这类疾病种类更多、范围更广泛。

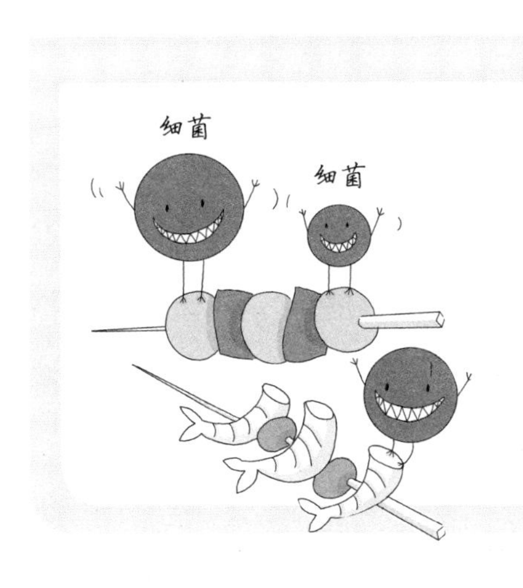

细菌性食物中毒的3个必需条件是什么

细菌性食物中毒是指人体摄入含有细菌或细菌毒素的食品而引起的食物中毒。在我国，食物中毒中最常见的是细菌性食物中毒。我国每年报告的食物中毒中，细菌性食物中毒人数超过食物中毒总数的50%。

发生细菌性食物中毒有3个基本条件（或3个危险因素）。

食品被细菌或其毒素污染

食品被细菌污染常见的有两种原因：①禽、畜在宰杀前就是被感染的病畜、病禽，没检查出来，屠宰后带菌的肉制品流入市场。感染畜、禽最常见的是肠炎沙门菌、猪霍乱沙门菌等沙门菌属。②食品外来污染。这类原因较复杂，细菌通过带菌的工作人员、炊事员的粪便、皮肤上病灶的分泌物以及手污染食品。细菌还可通过苍蝇、蟑螂、老鼠、炊事用具（如刀、砧板、抹布等）、容器、水等途径污染食品。在烹调食品过程中，如果生熟不分开，通过交叉污染，也可使弄熟的食品遭受污染。据统计，在某些地区每年发生的食物中毒中，大多数是由于在加工制售过程中生熟不分、交叉污染造成的。

食品贮藏不当使细菌滋生繁殖

购回的动、植物食品，即使清洗干净，也不能完全清除污染的细菌。如果温度、水分、营养等多种因素适宜，存放一定时间后，食物中的致病菌会迅速生长繁殖或产生毒素。致病菌多为嗜温菌，一般在20~40℃条件下，特别是接近人体的体温（37℃）时，繁殖速度最快。有的嗜温菌，如葡萄球菌，在10~42℃范围内，均可繁殖产生毒素，甚至5℃冰箱内，仍能缓慢生长释放毒素，故有时食用过夜的冰箱冷藏食物，也可致食物中毒。

食用前加工不当

如果属于可生食的食品，食用前应充分清洗干净，或去皮后再清洗，并保证不再污染才可食用。属于熟食的食品，食用前未回锅加热或加热不彻底，都存在食物中毒的风险。经长时间贮存的食品，食用前未彻底再加热，中心部位温度达不到70℃以上时，也有风险。有的地区有食半生海产品的习惯，如果这种海鲜遭受到致病菌污染，也可能发生食物中毒。

10

常见的化学性食物中毒有哪些

化学性食物中毒是指经口摄入了正常数量，在感官上无异常，但确含有某种或几种“化学性毒物”的食物，随食物进入体内的“化学性毒物”引起功能性或器质性损害的急性中毒。常见原因包括食品受到有毒化学物质污染、误食或人为投毒等。

急性有机磷农药中毒

有机磷农药中毒是指进食了被有机磷农药污染的食品后，在短期内出现的以全血胆碱酯酶活性下降，使分解乙酰胆碱的能力丧失，从而引起一系列中毒表现的全身性疾病，是农药急性中毒中最常见的一种。

常见危险因素

①水果、蔬菜等食品中的农药残留。②食用农药盛器盛放过的食品，或食用农药毒死禽畜。③因农药保管不善、管理不严而误食。

亚硝酸盐食物中毒

亚硝酸盐中毒在我国很常见。如1989—1994年，某省发生亚硝酸盐中毒174起，中毒3037人，死亡44人。亚硝酸盐是强氧化剂，主要是亚硝酸钠。进入体内可使低铁血红蛋白氧化成高铁血红蛋白，失去运氧的功能，使组织缺氧导致中毒。亚硝酸盐中毒量为0.2~0.5克，致死量为3克。

常见危险因素

亚硝酸钠为白色至淡黄色粉末，味微咸，易溶于水，易潮解，外观、滋味与食盐相似。除了易与食盐相混而误食外，亚硝酸盐也广泛存在于蔬菜和腌制食品中。如菠菜、大白菜、甘蓝、韭菜、萝卜、芹菜、甜菜含有大量硝酸盐，在温度较高处存放，硝酸盐还原酶使硝酸盐可还原成亚硝酸盐。腌制蔬菜，其中亚硝酸盐含量逐渐增高，在8~14天时有一高峰，之后又逐渐降低。煮熟的蔬菜存放于温度较高处，因某些细菌硝酸盐还原酶的作用，也可产生亚硝酸盐。用含硝酸盐较多的井水（俗称“苦井”）烹调食品，并在不卫生的条件下存放，极易引起亚硝酸盐中毒。

鼠药中毒

灭鼠药混入食物中就会导致鼠药食物中毒。灭鼠药只能用国家准用鼠药，首选高效、安全的抗凝血灭鼠剂，如溴敌隆、杀鼠迷、敌鼠钠、氯敌鼠、大隆、杀它仗等。如果情况紧急，必须使用急性药，应首选磷化锌，但只应使用0.5%~1.0%低浓度。国家禁用毒鼠强、氟乙酰胺等剧毒药。但使用违禁鼠药灭鼠导致食物中毒事件频频发生，较多见的是毒鼠强。毒鼠强化学名叫四亚甲基二砜四胺，俗称四二四，是一种对人畜皆有剧毒的神经毒性灭鼠药。为白色粉末状，无臭无味，其毒性是氟乙酰胺的1.8倍、磷化锌的15倍、氰化钾的100倍。对人的致死剂量为6~12毫克，剂量大者可于数分钟内因呼吸麻痹而死亡。

常见危险因素

发生中毒场所有家庭日常就餐、婚丧宴席、建筑工地农民工食堂、学校食堂、部队食堂等。因毒鼠强为白色、无味、无臭，外观极似食盐、淀粉、味精，极易混入各种食物如米饭、馒头、包子、菜肴，或糖果、饼干等零食或牛奶等饮料中，常因误食中毒或谋杀投毒。

甲醇中毒

甲醇中毒是较为常见的食品安全问题，如1998年1月26日某省朔州特大假酒（甲醇）中毒案，给人民群众的健康和生命财产造成巨大损失，因此，甲醇中毒必须注意防范。甲醇是剧烈的神经毒，一是直接损害中枢神经，特别是视神经；二是甲醇进入人体后代谢产物甲醛、甲酸也具有毒性，产生代谢性酸中毒。

常见危险因素

我国近年来的急性甲醇中毒以摄入含有甲醇假酒的食源性中毒为主；职业性急性甲醇中毒可以见于甲醇的生产和运输、化工、医药、能源等行业，例如生产甲醛、甲胺、摄影胶片、塑料、杀菌剂、油漆稀料等作业场所甲醇空气浓度超过国家卫生标准时；也有餐饮业使用“固体酒精”火锅燃料造成急性甲醇中毒的报道。

砷化物中毒

砷的化合物有剧毒，最常见的是三氧化二砷，又名砒霜、红信石、白信石等，口服50毫克即可引起急性中毒，60~600毫克（一般200毫克）即可致死。砷化物可经饮水、食品进入人体，三价砷（即砒霜中的砷）在体内与含巯基的酶类结合，破坏许多代谢过程，引起中毒症状。

常见危险因素

常见危险因素可由于误食含砷的毒鼠药、灭螺药、杀虫药，或误食被杀虫药刚喷洒过的瓜果和蔬菜、毒死的禽、畜肉类等而引起。砒霜为我国农村常用的拌种药、杀虫药，毒性很大，其纯品外观和食盐、糖、面粉、石膏等相似，易误用误食中毒。

11

什么是选择餐馆就餐的“三看”

我们选择餐馆时，除了注意美味的饭菜、优雅的环境和良好的服务等因素外，还要从食品安全角度考虑，选择安全放心的餐馆就餐。进餐馆时要“三看”。

看餐馆有没有悬挂《食品经营许可证》

餐馆应该把《食品经营许可证》悬挂在吧台或其他显著位置，有证的单位具备有相应的开业经营条件。如果没有取得许可证，则属于违法经营，应被举报。在看许可证时，还要注意许可证上的许可备注内容，如是否注有“凉菜”“生食海产品”等。

根据《食品安全法》及相关规定，餐饮服务单位必须取得《食品经营许可证》后方可从事餐饮服务经营活动，且须在经营场所亮证经营。餐饮服务单位经营的范围应符合许可证核定的项目。

因为“凉菜”“生食海产品”等属于高风险食品，较易引起食物中毒。经营此类食品，必须具备特定的食品加工条件，并在许可证备注栏目中予以注明。

看餐馆服务的信誉等级高低

我国从2002年起，在各地陆续实施餐饮单位食品卫生监督量化分级管理制度。监管部门根据餐馆的基础设施和食品安全状况，评定A、B、C、D 4个信誉度等级，4个级别相对应的食品安全信誉度依次递减，而风险等级依次增加。

2012年后，根据原国家食品药品监督管理局统一规定，全国餐饮服务食品安全监督量化等级实行动态等级和年度等级管理：动态等级为监管部门对餐饮服务单位食品安全管理状况每次监督检查结果的评价，分为优秀、良好、一般3个等级，分别用大笑、微笑和平脸3种卡通形象表示；年度等级为监管部门对餐饮服务单位食品安全管理状况过去12个月期间监督检查结果的综合评价，分为优秀、良好、一般3个等级，分别用A、B、C 3个字母表示。在餐饮服务单位就餐场所的醒目位置均有食品药品监管部门核发的“餐饮服务食品安全等级公示”牌，可以看到量化等级标志。消费者就餐时先看“脸”，应尽量到标有“大笑”或“微笑”的餐馆就餐。

看餐馆是否超负荷运营

选择餐馆就餐时，如果看到该餐馆顾客流量陡增，拥挤不堪，即使该餐馆是信誉度较高的单位，也最好不要光顾；因为突然集中增大的供应量可能导致该餐馆超负荷加工，难免匆忙应付，会给食品安全埋下隐患。

12

什么是进餐馆点菜“六个一”

选择了一家合适的餐馆就餐，仅是降低饮食风险的一个方面，此外，消费者自身也应注意饮食卫生，进一步防范危险因素，保证安全。这就是餐前讲卫生，点菜做到“六个一”。

就餐前一定要洗手

人的双手每天接触各种各样的东西，会沾染多种细菌、病毒或寄生虫卵。因此，一定要养成餐前洗手的习惯，降低“病从口入”的风险。洗手方法要正确，才能保证洗手效果。先用流动的自来水打湿手，再涂抹洗手液或肥皂，双手相互搓洗至少20秒钟，然后彻底冲洗双手，最后用抹手纸抹干或烘手机烘干。

注意察看餐具卫生

就餐前要观察餐具茶具是否经过消毒，经过清洗并消毒的餐具茶具有光、洁、干、涩的特点，未经过清洗和消毒的餐具茶具往往有茶渍、油污或食物残渣等污渍。如果桌上摆的是塑料膜包装小餐具，要注意包装膜上是否标明餐具清洗消毒单位名称、详细地址、电话、消毒日期、保质期等内容。

点菜做到“六个一”

一般都有这样的经验，餐馆炒出来的菜肴，颜色鲜艳、质地厚重、香味扑鼻，这些都是烹调中加入不少添加剂的结果。如餐馆做出的虾仁亮晶晶、有弹性，可能是复合保水剂、乳化剂、保鲜剂和杀菌剂的共同作用。烧的牛肉很嫩滑，可能是加了苏打粉的缘故。火锅怎么煮都是鲜红色，是玫瑰红B的功劳。油炸的食品香脆可口，是使用了含反式脂肪酸很高的油炸出的等。虽然这些食品添加剂在一定限量内使用是相对安全的，但如果经常在餐馆进餐，难免过多摄入添加剂。为了减少多种添加剂的摄入，把饮食风险降低到最低限度，消费者在餐馆点菜不妨按“六个一”的原则：菜色浅一点、香味淡一点、口味清一点、素菜多一点、品种杂一点、总量少一点。若发现菜肴的色、香、味异常浓烈，则须慎食。

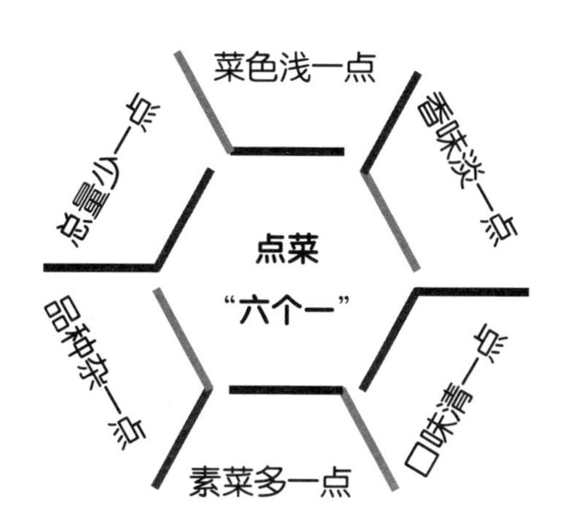

13 防范家庭食品风险的“三大纪律、八项注意”您知道吗

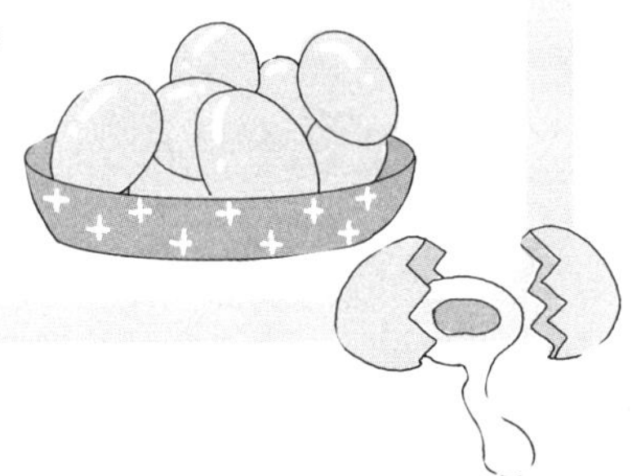

家庭饮食对家庭成员的健康十分重要。家庭食品安全除了要做好合理膳食、平衡营养，预防食源性慢性病外，预防家庭食物中毒也很重要。保证家庭饮食安全，主要做到“三大纪律、八项注意”。

三大纪律

一是合理贮藏食品，防止食品变质引起食物中毒。

二是科学烹调食物，减少营养成分损失和防止有害物质产生。

三是注意平衡膳食，做到均衡营养，保障身体健康。

八项注意

1 选购食品应该注意应到信誉好的食品店或超市购买定型包装食品。不要到无证摊贩处购买食品，也不要买“三无”食品（即无生产厂名、无生产厂址、无生产卫生许可证编码的食品）。

2 注意看食品的标签、标志，重点要看生产日期、保质日期、产地、生产商、产品成分等内容。

3 仔细观察产品外包装，字迹模糊、出现错别字、偏色、套色误差大的产品很有可能是假冒伪劣产品。另外，包装破损的食品不要买。

4 尽量选购当季盛产的蔬菜水果。

5 采用无色无毒的塑料袋包装餐具、储存食品。

6 有条件的家庭，建议选购无公害蔬菜、绿色食品和有机食品，但要保证来源可靠。

7 对于高危人群包括老人、孕妇、儿童、体弱或者免疫力低下的人，其食品安全问题应该更加小心。

8 建议食物要多样化，不要经常都吃同样的东西。

14 怎样辨认食品“身份”挑选安全食品

每种食品从厂家生产出来，都有它的“身份证”——食品标签。在挑选食品时，除了要注意包装上表示其质量安全档次的标志外，还要仔细辨认包装上的标签。《食品安全法》第六十七条规定预包装食品的包装上应当有标签。标签应当标明9项内容。

1. 名称、规格、净含量、生产日期
2. 成分或者配料表
3. 生产者的名称、地址、联系方式
4. 保质期
5. 产品标准代号

6 贮存条件

7 所使用的食品添加剂在国家标准中的通用名称

8 生产许可证编号

9 法律、法规或者食品安全标准规定的其他事项

消费者可以通过食品名称、规格、净含量、生产日期，了解、判定、区别食品的质量特征，把握食品的新鲜程度；通过成分或者配料表来识别食品的内在质量及特性；生产者的名称、地址、联系方式的标注有助于消费者根据生产者的信誉度进行选择，出现质量问题便于消费者联系生产厂家；保质期可以表明食品的新鲜程度，让消费者在有效期内购买、食用；产品标准代号可以反映食品质量特性及产品依据标准；贮存条件可让消费者科学贮存食品，使其在保质期内更安全甚至口味更好；标注生产许可证编号便于消费者查询，使消费者能够放心购买；标签应当标明所使用的食品添加剂在国家标准中的通用名称，能够让消费者看懂并了解；法律、法规或者食品安全标准有规定必须标明的其他事项还要特别标明。

对于专供婴幼儿和其他特定人群的主辅食品，其标签中还应当标明主要营养成分及含量。

15 合理营养和平衡膳食的五方面要求是什么

人类的食物是多种多样的，各种食物所含的营养成分不完全相同，但任何一种天然食物都不能提供人体所需的全部营养素。

合理的营养必须由多种食物组成，才能达到平衡膳食以满足人体各种营养需求。合理营养是健康的物质基础，而平衡膳食是合理营养的唯一途径。合理营养与平衡膳食应包括以下五个方面的要求。

满足身体对各种营养素的需要

①有足够的热能以维持体内外各种活动所需。②有足量的蛋白质供生长发育，修补和更新组织，维持正常的生理功能。③有充分的矿物质和微量元素，参与身体组织的构成和调节各种生理机能。④有丰富的维生素，以维持身体的生长发育，促进正常生理功能，保证身体健康，增强身体的抵抗力。⑤有适量的食物纤维，以助肠道蠕动和正常排便，减少有害物质在肠内积留，从而预防肠道疾病，并利于糖尿

病和心血管疾病的预防。⑥有充足的水分，以维持体内各种生理功能正常运行。

合理搭配各种食物

①粗粮细粮巧搭配

②粮食蔬菜巧搭配

③荤菜素菜巧搭配

④酸性碱性巧搭配

有些食物中含有钠、钾、镁等金属元素，它们在人体内氧化后生成带有阳离子的碱性氧化物，称之为碱性食物。绝大多数的蔬菜、水果都属于碱性食物；豆类、牛奶、杏仁、栗子、椰子等也属于碱性食物。有些食物中含有硫、磷、氯等非金属元素，它们在体内氧化后，生成带阴离子的酸根，称之为酸性食物。绝大多数的肉、禽、鱼、蛋等动物性食物中含有硫蛋白属于酸性食物；米面中含有较多的磷也属于酸性食物；坚果中花生、核桃等也是酸性食物。水果虽含各种有机酸，在味觉上也呈酸性，但它们不是酸性食物，因为水果中的有机酸在体内经过代谢，被分解为二氧化碳和水，所以，认为有酸味的水果是酸性食物是一种误解。

科学地烹调食物

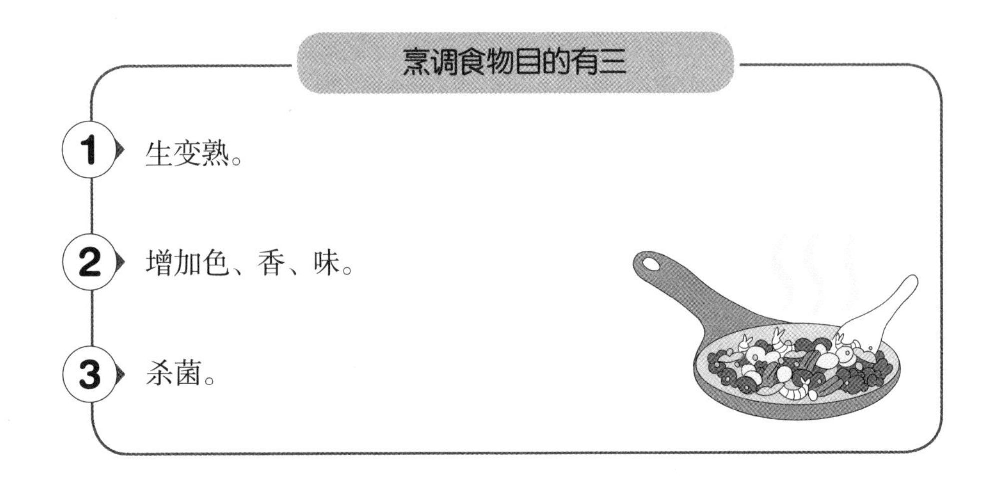

食物中的维生素和矿物质及微量元素极易在加工烹调中损失，蔬菜加工应该提倡“先洗后切，急火快炒”的原则，烹调好的蔬菜切忌反复加热，也不要长时间煎煮；烹调方法不当可使水溶性维生素损失较多，例如加碱可破坏B族维生素和维生素C；炒菜时如温度在60~70℃长时间不盖锅盖，菜中氧化酶可使维生素C氧化；如急火快炒，使温度骤升到80℃以上，先将氧化酶破坏，可减少维生素C氧化；米不宜多淘洗、发馒头加碱要适中，过量会破坏米面中的维生素B_1。

有合理的膳食制度和良好的饮食卫生习惯

（1）**进餐的时间和次数要合理**　一日三餐的进食规律是千百年来适应消化功能而形成的。人体的消化功能已形成“生物钟”，有节律地进行它的生理活动。定时定量进餐可以使胃的负担适度，可以养成条件反射刺激，使大脑皮层形成动力定型，保证消化液的充分分泌，利于食物的消化吸收，并能保证良好的食欲。

（2）**三餐热量分配要合理**　早、中、晚三餐热量分配比应占全日总热量的30%、40%、30%为宜。

（3）**保证早餐的质和量**　有些人根本不吃早餐，有些人早餐吃得很马虎，有些人则只吃含蛋白质而无碳水化合物的牛奶、鸡蛋。如果早餐完全是蛋白质，不能保证血糖的充分供应；如果早餐完全是淀粉类食物，也不能使食物在胃内停留4~5个小时，会有饥饿感。

食物应对人体无害

1. 无致病性微生物污染及腐败变质。
2. 无有毒有害化学物质污染。
3. 食品添加剂应符合要求。

16

一般人群膳食指南的核心推荐内容有哪些

科学吃好，是所有人的共同愿望，膳食指南则是世界各国指导居民膳食的科学性指导意见，各个国家根据本国居民的实际营养状况及经济发展情况都制定有居民膳食指南。

为了帮助我国居民合理选择食物，并进行适量的身体活动，以改善人们的营养和健康状况，减少或预防慢性疾病的发生，我国专家制定了《中国居民膳食指南》。现行的《中国居民膳食指南》(2016)由一般人群膳食指南、特定人群膳食指南和平衡膳食模式及实践三部分组成。一般人群膳食指南共有6条核心推荐条目，适用于2岁以上健康人群。特定人群膳食指南是根据不同年龄阶段人群的生理和行为特点及其对膳食营养需要而制定的，适合于孕妇、乳母、婴幼儿、儿童少年、老年人和素食人群。

1 食物多样，谷类为主

谷薯类

蔬菜水果类

畜禽鱼蛋奶类

大豆坚果类

建议 平均每天摄入12种以上食物，每周25种以上。

谷类（主食）为主是平衡膳食模式的重要特征，每天摄入谷薯类食物250~400克。

碳水化合物提供的能量应占总能量的50%~65%。

其中

全谷物（如小麦、玉米、大米等）和杂豆类（如黄豆、绿豆等）50~150克。

薯类（如土豆、红薯、山药）50~100克。

2 吃动平衡，健康体重

推荐每周至少5天中等强度身体活动，累计150分钟以上；平均每天主动身体活动6000步；减少久坐时间，每小时起来动一动。

3 多吃蔬果、奶类、大豆

蔬菜和水果是维生素、矿物质、膳食纤维和植物化学物的重要来源。

蔬菜 推荐每天摄入300~500克，深色蔬菜应占1/2。

水果 推荐每天摄入200~350克，果汁不能代替鲜果。

奶类和大豆类对降低慢性病的发病风险具有重要作用。

奶制品 摄入量相当于每天液态奶300克。

豆制品 每天相当于大豆25克以上，适量吃坚果。

4 适量吃鱼、禽、蛋、瘦肉

动物性食物优选鱼和禽类（鸡鸭），脂肪含量相对较低。

吃畜肉应选择瘦肉，瘦肉脂肪含量较低。

过多食用烟熏和腌制肉类可增加某些肿瘤的发生风险，应当少吃或不吃。

推荐平均每天摄入鱼、禽、蛋和瘦肉总量120~200克（小于4两），每天畜禽肉为40~75克，每天水产品为40~75克，每天蛋类为40~50克。

5 少盐少油，控糖限酒

食盐、烹调油和脂肪摄入过多，是高血压、肥胖和心脑血管疾病等慢性病发病率居高不下的重要因素。

成人每天食盐不超过6克，每天烹调油25~30克。

成人每天摄入糖不超过50克，最好控制在25克以下。

每天饮水7~8杯（1500~1700毫升），提倡饮用白开水和茶水，不喝或少喝含糖饮料。

成人一天饮用酒的酒精量男性不超过25克，女性不超过15克。

6 杜绝浪费，兴新食尚

按需选购食物、按需备餐，提倡分餐不浪费。

选择新鲜卫生的食物和适宜的烹调方式，保障饮食卫生。多回家吃饭。

知识链接

1. 人体必需的营养素和食物成分有哪些

食物成分非常复杂，除了目前认识的6大类40多种营养素外，还有一些没有被认识以及正在认识的对机体健康有益的物质。

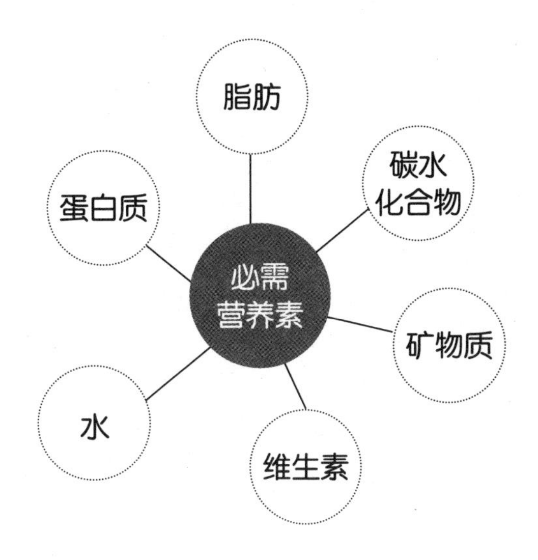

营养素

通过食物获取并能在人体内被利用，具有供给机体能量、构成机体组织及调节机体生理功能的物质称为营养素。有的营养素在体内可以合成，有的在体内不能合成，营养学上称体内不能合成，必须由食物供给的营养素为“必需营养素”。分为6大类：蛋白质、脂肪、碳水化合物、矿物质（包括常量元素和微量元素）、维生素、水。根据需要量或体内含量多少前三者称为宏量营养素，矿物质和维生素称为微量营养素。

如果在膳食中长期缺乏某种必需营养素，不仅可引起相关的营养缺乏病，还会对疾病的发生发展产生较大影响；膳食中如果长期过量摄入某种必需营养素，则可导致肥胖、血脂异常、高血压、糖尿病、癌症等多种慢性非传染性疾病。

健康有益物质

在植物性食物中还存在一些有益健康，但又不符合必需营养素标准的成分，这类具有潜在预防和治疗人与动物慢性疾病发生或发展的非营养性、有生物活性的化合物，泛称**植物化学物质**。

类黄酮 主要存在于水果和蔬菜的外层及整粒的谷类食物中，有代表性的是大豆异黄酮。

花青素类 是植物色素的主要成分，如葡萄、草莓中的原花青素。

儿茶素类 主要存在于茶叶中，如绿茶中含丰富的儿茶素。

有机硫化物 存在于十字花科蔬菜（卷心菜、西兰花等）及葱蒜类蔬菜中。

皂苷类化合物 如人参皂苷、大豆皂苷等。

萜类化合物 主要在柑橘类水果（特别是果皮精油）、食品调料、香料和一些植物油、黄豆中含量丰富。

植物多糖 按其来源分为香菇多糖、银耳多糖、甘薯多糖、枸杞多糖等，在菌藻类中含量较多。

这些植物化学物质的主要功能涉及抗癌、抗氧化、免疫调节、抗微生物及降低胆固醇等作用。

2. 六大营养素每日推荐摄入量分别是多少

蛋白质

正常成年人体内蛋白质含量稳定，体内全部蛋白质每天有3%左右进行更新，消耗的部分必须每天从膳食中得到补充而保持平衡。蛋白质主要功能包括构成和修复机体组织、调节机体生理功能和提供能量。

生命的产生、存在和消亡都与蛋白质有关，蛋白质是生命的物质基础，没有蛋白质就没有生命。但长期过量摄入蛋白质，不仅会增加肝脏、肾脏的负担，多余的蛋白质会转化成脂肪储存在体内，导致肥胖，进而成为多种慢性非传染性疾病的诱发因素。

中国居民膳食蛋白质参考摄入量

一般轻体力活动水平成年男性为65克/天，女性为55克/天。蛋白质提供的能量应占总能量的10%~20%。

脂肪

脂肪是由3分子脂肪酸和1分子甘油组成，化学名为甘油三酯。脂肪酸按其分子结构又分为饱和脂肪酸、单不饱和脂肪酸、多不饱和脂肪酸。

脂肪主要分布在腹腔、皮下和肌肉纤维之间，其主要功能为给机体提供能量和储存能量、机体重要的构成成分、帮助机体更有效地利用糖类和节约蛋白质消耗以及提供必需脂肪酸。

脂肪摄入过多，可导致心血管疾病、高血压和某些癌症发病率的升高；我国成人脂肪摄入量应控制在总能量的20%~30%，饱和脂肪酸、单不饱和脂肪酸、多不饱和脂肪酸的比例以1：1：1为宜。必需脂肪酸缺乏，可引起生长迟缓、生殖障碍、皮肤损伤以及肾脏、肝脏、神经和视觉方面的多种疾病，必需脂肪酸的摄入量应不少于总能量的3%；过多摄入多不饱和脂肪酸也可使体内有害的氧化物、过氧化物等增加，能使机体产生多种慢性危害。

碳水化合物

碳水化合物又称糖类，包括单糖、双糖、寡糖和多糖等四种。单糖有葡萄糖、果糖和半乳糖。双糖有蔗糖、麦芽糖和乳糖。寡糖有水苏糖、棉子糖等。多糖主要有淀粉、纤维素、糖原。

碳水化合物的主要生理功能：①储存和提供能量，1克碳水化合物在体内约产生4千卡能量。②机体的构成成分，如细胞组织的糖蛋白、黏蛋白、传递遗传信息的核糖核酸（RNA）和脱氧核糖核酸（DNA）中都含有碳水化合物。③节约蛋白质，碳水化合物供给充足时，可避免体内蛋白质过多转变为能量。④抗生酮作用，维持脂肪正常分解代谢需要葡萄糖的协同作用，人体每天至少需50~100克糖类才可防止酮血症的产生。此外，碳水化合物还可改变食物的色、香、味、形，提供膳食纤维。

中国居民膳食碳水化合物推荐摄入量为总能量的50%~65%。

膳食纤维：是指存在于植物体中不能被人体消化吸收的多糖。由于其特有的生理作用，倍受人们的关注。其生理作用主要有：①通便防癌，膳食纤维能刺激肠壁，促进肠蠕动，还有很强的吸水性以增大粪便体积，因此利于排便。②降低血清胆固醇，膳食纤维可吸附胆酸，减少胆酸的重吸收，从而促进肝内胆固醇代谢转变为胆酸排出。③降低餐后血糖，辅助防治糖尿病，膳食纤维增加食糜的黏度使胃排空速度减慢，并使消化酶与食糜的接触减少，使餐后血糖升高较平稳。④能吸附某些有害物质，如食品添加剂、农药、洗涤剂等化学物质，对健康有利。正常成人每天摄入纤维素25~30克为宜。

长期摄入过多膳食纤维会使摄入的食物总量不足，可导致营养和能量缺乏，另外，膳食纤维的吸附作用也会吸附钙、铁等元素并影响其吸收。

矿物质

矿物质又称无机盐。除碳、氢、氧、氮4种元素主要以有机化合物的形式存在外，其余各种元素统称为无机盐或矿物质，占体重的2.2%~4.3%。钙、镁、钾、钠、磷、氯、硫等7种元素在体内含量较多，称常量元素，也是必需营养素。体内含量低于0.1克/千克的称微量元素，共14种：碘、硒、铜、钼、铬、钴、铁、锌、氟、锰、镍、锡、钒、硅，前8种为必需营养素。

矿物质的主要生理功能：①构成机体组织的重要组分，是细胞内外液的重要成分，酶系统中的催化剂以及辅基、核酸等的组成成分。②调节生理功能，保持机体的酸碱平衡，维持神经肌肉的兴奋性、细胞膜的通透性、细胞和组织正常的生理功能。

机体新陈代谢过程中，随时都有一定量的矿物质从不同途径排出体外，必须通过膳食及时补充。其中钙与铁的缺乏是比较常见的。

钙缺乏主要影响骨骼的发育和结构，表现为婴幼儿的佝偻病和成年人的骨质软化症及老年人的骨质疏松症；而长期过量摄入钙可增加患肾结石和乳碱综合征（典型症状包括高钙血症、碱中毒和肾功能障碍）的危险性。

膳食铁的缺乏，可致缺铁性贫血。

中国居民膳食钙推荐摄入量：成人每天为800毫克。

中国居民膳食铁推荐摄入量：成年男性每天12毫克，女性20毫克。

维生素

维生素是维持机体正常生理功能及细胞内特异代谢反应所必需的一类微量低分子有机化合物，大多数维生素都不能在体内合成，而必须由食物供给。虽然维生素每日的需要量很少，仅以毫克或者微克计，但在调节物质代谢的过程中起着重要的作用。根据维生素溶解性的不同，可分为脂溶性维生素（A、D、E、K）和水溶性维生素（B族和C）。

（1）维生素A

主要缺乏症：夜盲症，晚间视力明显下降；严重时患眼干燥症，主要表现泪腺上皮细胞受损，分泌停止，结膜干燥，角膜可软化穿孔而致失明。

过多症：致畸作用，如孕妇长期超正常剂量服用鱼肝油浓缩制剂，有可能产生畸胎的危险；也可致急性中毒、慢性中毒。

中国居民膳食维生素A推荐摄入量：成年男性每天800微克，女性每天700微克。

主要食物来源：各种动物肝脏、奶类、鱼肝油、鱼卵、蛋黄等；植物性食物如菠菜、番茄、豌豆苗、南瓜、空心菜、胡萝卜、红心甜薯、辣椒、马铃薯等；水果中杏、李、葡萄、香蕉、红枣、柿子、芒果等。

（2）维生素D

主要缺乏症：佝偻病、骨软化症、骨质疏松症等。

过多症：血钙增高，毛发脱落，四肢麻痹，肾功能减退，动脉硬化等。

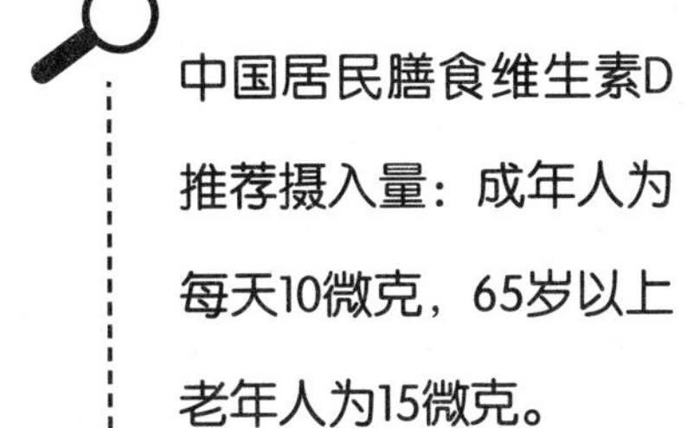

主要食物来源：海鱼、鱼肝油、奶油、蛋黄及动物肝脏较丰富。

（3）维生素B_1

主要缺乏症：脚气病，是长期大量食用精白米和面粉，又缺乏其他杂粮和多种副食品的补充，造成维生素B_1不足而引起的一种营养不良性疾病。临床类型以神经系统症状为主（多发性神经炎），称干性脚气病；以心血管系统症状为主（心衰、肺水肿），称湿性脚气病。

中国居民膳食维生素B_1推荐摄入量：成年男性每天1.4毫克，女性每天1.2毫克。

主要食物来源：①主要在谷类（谷胚层）、糙米、麸皮、豆类、酵母、干果和坚果中，食物加工过程中易损失。②动物的心、肝、肾、瘦肉、鸡蛋类含量也很丰富。③绿色蔬菜、水果中有，但不是主要来源。

（4）维生素B_2

主要缺乏症：口腔生殖综合征，即口腔、舌、唇、阴囊等皮肤黏膜部位的炎症、溃疡等；眼部症状有眼睑炎、流泪、怕光、视物模糊；特殊的上皮损害包括脱毛、脂溢性皮炎、轻度弥漫性上皮角化、脂溢性脱发、神经功能紊乱等。

主要食物来源：①奶类、蛋类、各种食用动物内脏。②谷类（谷胚层）、蔬菜（绿叶）、豆类和水果，食物加工过程中易损失。

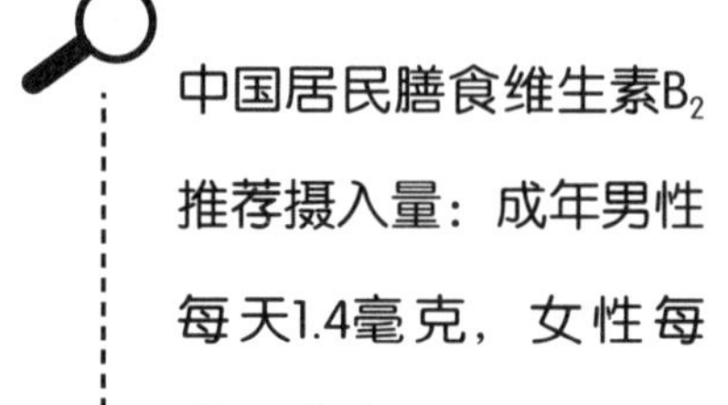

（5）烟酸

主要缺乏症：癞皮病，其典型症状是皮炎、腹泻及痴呆。癞皮病不仅表明烟酸缺乏，也表现蛋白质的缺乏，因为色氨酸在体内可以转变为烟酸（每60毫克生成1毫克烟酸）。

中国居民膳食烟酸推荐摄入量：成年男性每天15毫克烟酸当量，女性12毫克烟酸当量。

主要食物来源：①植物性食物中以烟酸为主，坚果类含量高，酵母、花生、豆类含量丰富，谷类80%~90%在种子皮的加工过程中易损失。②动物性食物中以烟酰胺为主，鱼、各种食用动物内脏（肝、肾）及瘦肉中含量丰富。乳、蛋中含量不高，但色氨酸含量较多。

（6）维生素C

主要缺乏症：坏血病，主要临床表现是毛细血管脆性增强，牙龈肿胀、出血、萎缩，常有鼻出血、月经过多以及便血。还可导致骨钙化不正常及伤口愈合缓慢等。

中国居民膳食维生素C推荐摄入量：成人每天为100毫克，孕妇为115毫克，乳母为150毫克。

主要食物来源：①蔬菜中，如辣椒、茼蒿、苦瓜、白菜、豆角、菠菜、土豆、韭菜中含量丰富。

②水果中，如酸枣、红枣、草莓、柑橘、柠檬含量高，野生植物中刺梨、猕猴桃等含量最丰富。

（7）叶酸

主要缺乏症：①巨幼红细胞贫血。叶酸缺乏时，骨髓中幼红细胞分裂增殖速度减慢，细胞体积增大，红细胞成熟受阻，停留在巨幼红细胞阶段，同时引起血红蛋白合成减少，形成巨幼红细胞贫血。②神经管畸形。叶酸缺乏可使孕妇先兆子痫、胎盘早剥、胎盘发育不良。早期可使胎儿发生神经管畸形，包括脊柱裂、无脑儿等，我国每年8万~10万神经管畸形患儿与母亲叶酸的缺乏有一定关系。

中国居民膳食叶酸推荐摄入量：成人为400微克叶酸当量，孕妇为600微克叶酸当量，乳母为550微克叶酸当量。

主要食物来源：①动物肝脏、肾脏、鸡蛋等含量丰富。②豆类、酵母、绿叶蔬菜、水果及坚果类等含量丰富。

水

水是膳食的重要组成部分，在生命活动中发挥着重要功能。

水能调节体温，充当良好的溶剂、催化剂、营养物质的载体和润滑组织与关节的润滑剂。

健康成人每天摄入水加上体内内生水，与排出的水量维持平衡状态，约为2500毫升，推荐每日饮水1500~1700毫升，高温或强体力劳动，应适当增加。

在一天中任何时刻，要主动喝水，而不要等到口渴时再喝。体内水分达到平衡时，就可以保证进餐时消化液的充足分泌，增进食欲，帮助消化。一次性大量饮水会加重胃肠负担，使胃液稀释，既降低了胃酸的杀菌作用，又会妨碍对食物的消化，所以喝水应该少量多次，每次200毫升左右。晚上睡眠时的隐性出汗和尿液分泌会损失水分使血液黏稠，早晨空腹喝一杯水，可降低血液黏度，增加循环血容量。

3. 日常食用的五类食物能提供哪些营养物质

谷类及薯类

谷类包括小麦、稻米、玉米、高粱、小米等，加工与烹调方法对谷类食物中营养素含量影响较大。谷类籽粒结构可分为谷皮（含大量纤维素）、糊粉层、内胚乳（含有大量淀粉、较多的蛋白质、少量脂肪）及谷胚（富含B族维生素和维生素E）四部分，各部分所含营养素的比重不同。粗加工的粮食残留纤维素、半纤维素较多，妨碍消化吸收；碾磨加工过细则连谷胚都去掉，将损失较多营养素。

薯类包括马铃薯、甘薯、木薯等，含有丰富的淀粉、膳食纤维以及多种维生素和矿物质。

谷类及薯类，是人体能量的重要来源，碳水化合物是其最重要的营养成分，也是蛋白质的主要来源之一，但赖氨酸、苯丙氨酸和蛋氨酸含量较低，故营养价值不高。谷类不含维生素A、维生素C，但B族维生素和维生素E含量丰富。谷类含植酸较多，可与铁、钙形成不溶性盐类，影响铁、钙的吸收。

动物性食物

包括肉、禽、鱼、奶、蛋等，主要提供优质蛋白质、脂肪、矿物质、脂溶性维生素（A、D）和B族维生素。

豆类

包括大豆、其他干豆类。主要提供蛋白质、脂肪、膳食纤维、矿物质、B族维生素和维生素E。

豆类含赖氨酸较多，是谷类食物理想的氨基酸互补食品，也是植物蛋白质中唯一与动物蛋白质一样的优质蛋白质；大豆脂肪中亚油酸含量较高，还具有较强的天然抗氧化能力，是营养价值很高的脂肪；含有较丰富的钙、维生素B_1、维生素B_2。

蔬菜、水果和菌藻类

蔬菜按其结构及可食部分不同，分为叶菜类、根茎类、瓜茄类和鲜豆类，其种类不同，所含的营养成分差异较大。绿叶菜中维生素B_2与胡萝卜素含量较高；胡萝卜中胡萝卜素含量较高；辣椒中有丰富的胡萝卜素、维生素C与烟酸；黄瓜、萝卜、苤蓝及莴苣等维生素C含量虽不高，但可生吃，故为维生素C的良好来源。新鲜豆荚类蛋白质含量较一般蔬菜多，一般瓜茄类营养素含量低。

水果可分为鲜果、干果、坚果和野果。鲜果种类较多，水分含量充足，是膳食中维生素、矿物质和膳食纤维的重要来源。红黄色水果（如芒果、柑橘、木瓜、山楂、沙棘、杏、刺梨）中胡萝卜素含量较高；枣类、柑橘类（橘、柑、橙、柚）和浆果类（猕猴桃、沙棘、黑加仑、草莓、刺梨）中维生素C含量较高；香蕉、黑加仑、枣、红果、龙眼等的钾含量较高；鲜果中还含有其他矿物质，如钙、铁、铜、锰等，但蛋白质的含量较少。

干果是由新鲜水果加工成的果子，如荔枝干、柿饼、杏干等。新鲜水果中蛋白质的含量较少，干果中维生素的含量明显较低，主要是因加工时的损失所致。但是，由于加工时使水分减少，使蛋白质、碳水化合物、脂肪、无机盐相对鲜果较多。干果虽然失去了鲜果时的营养特点，但易于贮存、运输，吃起来也别有风味，具有较高的食用价值。

坚果有核桃、杏仁、松子、花生、榛子、栗子、腰果、葵花子、西瓜子和南瓜子等，是一类营养丰富的食品，除富含蛋白质和脂肪外，还含有大量的维生素E、叶酸、镁、钾、铜、单不饱和脂肪酸、多不饱和脂肪酸及较多的膳食纤维，对健康有益，但所含能量较高，过量食用会导致肥胖。

菌藻类食物包括食用菌（蘑菇、香菇、银耳、木耳等）和藻类食物（海带、紫菜、发菜等）。菌藻类食物富含蛋白质、膳食纤维、碳水化合物、维生素和微量元素。如发菜、香菇等的蛋白质含量很丰富，在20%以上。

蔬菜、水果和菌藻类都是膳食纤维、矿物质、维生素C、胡萝卜素、维生素K及有益健康的植物化学物质的主要来源，能刺激胃肠蠕动和消化液的分泌，促进食欲，帮助消化。

纯能量食物

包括动植物油、淀粉、食用糖和酒类，主要提供能量。动植物油还可提供维生素E和必需脂肪酸。酒类中黄酒含有一定量的氨基酸、肽类等营养物质。

4. 怎样运用好膳食宝塔

《中国居民膳食指南（2016）》除了对中国居民平衡膳食宝塔修改和完善外，还增加了中国居民平衡膳食餐盘、中国儿童平衡膳食算盘等。膳食宝塔以直观的形式告诉居民每天推荐摄入的各类食物的数量、比例及适宜的身体活动量，为居民合理调配膳食提供了可操作性

中国居民平衡膳食宝塔（2016）

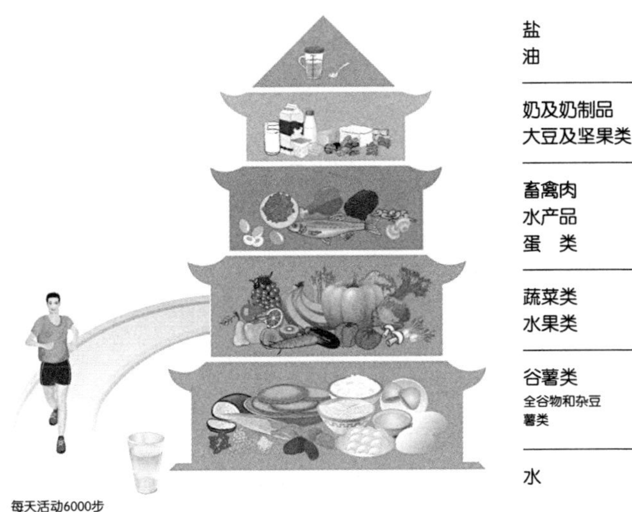

的指导。根据《中国居民膳食指南》的条目并参照膳食宝塔的内容来安排日常饮食和身体活动是达到平衡膳食目标、增进健康的最好途径。

膳食宝塔结构

膳食宝塔共分五层，各层位置和面积不同，这在一定程度上反映出各类食物在膳食中的地位和应占的比重。

（1）谷薯类食物位居底层　推荐每人每天应吃250~400克。

（2）蔬菜和水果居第二层　推荐每天应吃300~500克和200~350克。

（3）鱼、禽、肉、蛋等动物性食物位于第三层　推荐每天应吃120~200克（水产品40~75克，畜、禽肉40~75克，蛋类40~50克）。

（4）乳类、大豆和坚果合居第四层　推荐每天应吃相当于鲜奶300克的奶类及奶制品和25~35克大豆及坚果制品。

（5）第五层塔顶是烹调油和盐　每天烹调油不超过25~30克，食盐不超过6克。

膳食宝塔建议的各类食物摄入量

膳食宝塔建议的各类食物摄入量，是指食物可食部分的生重。

各类食物的重量不是指某一种具体食物的重量，而是一类食物的总量，如建议每天300克蔬菜，可以选择100克油菜、50克胡萝卜和150克圆白菜，也可以选择150克韭菜和150克黄瓜。膳食宝塔中所标示的各类食物的建议量的下限为能量水平1600千卡的建议量，上限为能量水平2400千卡的建议量。

谷类 包括小麦、稻米、玉米、高粱等及其制品；薯类包括红薯、马铃薯等，可替代部分粮食；杂豆包括大豆以外的其他干豆类，如红小豆、绿豆、芸豆等。建议每天摄入50~150克粗粮或全谷类制品，50~100克新鲜薯类。

蔬菜 含嫩茎、叶、花菜类、根菜类、鲜豆类、茄果、瓜菜类、葱蒜类及菌藻类。深色蔬菜包括深绿色、深黄色、紫色、红色等有色的蔬菜，维生素、植物化学物和膳食纤维含量较丰富，每天300~500克新鲜蔬菜中，深色蔬菜最好占50%以上。

水果 建议每天吃新鲜水果200~350克。在鲜果供应不足时可选择一些含糖量低的纯果汁或干果制品。蔬菜和水果不能完全相互替代。

肉类 如猪肉、牛肉、羊肉、禽肉及动物内脏类。建议每天摄入40~75克，应尽量选择瘦肉或禽肉。动物内脏有一定的营养价值，但胆固醇含量较高。

水产品 鱼类、甲壳类和软体类等动物性食物。其特点是脂肪含量低，蛋白质丰富且易于消化，是优质蛋白质的良好来源。建议每天摄入量为40~75克。

蛋类 鸡蛋、鸭蛋、鹅蛋、鹌鹑蛋、鸽蛋及其加工制成的咸蛋、松花蛋等。蛋类的营养价值较高，建议每天摄入量为40~50克，相当于1个鸡蛋。

乳类 牛奶、羊奶和马奶等，最常见的为牛奶；乳制品包括奶粉、酸奶、奶酪等，不包括奶油、黄油。建议量相当于液态奶300克，有条件的可以多吃一些。老年人、超重者和肥胖者建议选择脱脂或低脂奶；乳糖不耐受的人群可以食用酸奶或低乳糖奶及奶制品。

大豆及坚果类 大豆包括黄豆、黑豆、青豆，其常见的制品包括豆腐、豆浆、豆腐干及千张等。推荐每天摄入25~35克大豆和坚果制品，以提供蛋白质的量计算，20克大豆相当于45克豆腐干、60克北豆腐、150克内酯豆腐。坚果包括花生、葵花子、核桃、杏仁、榛子等，由于部分坚果的蛋白质与大豆相似，作为菜肴、零食等都是食物多样化的良好选择。

烹调油 指各种烹调用的动物油和植物油。植物油包括花生油、豆油、菜籽油、芝麻油、调和油等，动物油包括猪油、牛油、黄油等。每天烹调油的建议摄入量为不超过25~35

克，尽量少食用动物油。烹调油也应多样化，应经常更换种类，食用多种植物油。

食盐

健康成年人一天食盐（包括酱油和其他食物中的食盐）的建议摄入量为不超过6克。一般20毫升酱油中含3克食盐，10克黄酱中含盐1.5克，如果菜肴需要用酱油和酱类，应按比例减少食盐用量。

第二章

食品可能存在的不安全因素

1

食品掺杂使假的常见手段有哪些

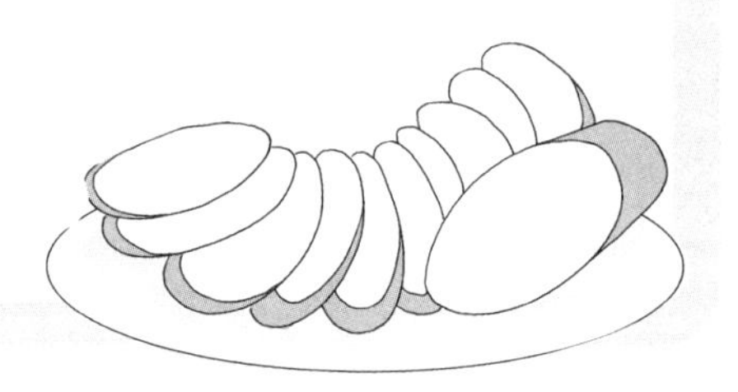

食品掺杂使假是指向食品中非法掺入外观、物理性状或形态相似的非同种类物质的行为。食品掺杂使假常见的手段有以下几种。

掺　兑　主要是在食品中掺入一定数量的外观类似的物质取代原食品成分的做法，一般是指液体（流体）食品的掺兑。例如香油掺米汤、食醋掺游离矿酸、啤酒和白酒兑水、牛乳兑水等，又如向牛奶中掺三聚氰胺充当蛋白质。

混　入　在固体食品中掺入一定数量外观类似的非同种物质，或虽种类相同但掺入质量低劣的物质称作混入。例如：面粉中混入滑石粉、藕粉中混入薯粉、味精中混入食盐、糯米粉中混入大米粉等。

抽　取　从食品中提取出部分营养成分后仍冒充成分完整，在市场进行销售的做法称为抽取。例如小麦粉提取出面筋后，其余物质还充当小麦粉销售或掺入正常小麦粉中出售。从牛乳中提取出脂肪后，剩余部分制成乳粉，仍以全脂乳粉在市场出售。

假　冒　指非常逼真地模仿某个产品的外观，从而使消费者和用户误认为模仿产品就是原产品，在未经授权、许可（或认可）的情况下，对受知识产权保护的产品进行复制和销售。复制的对象通常是商品的商标、包装、标签或其他重要的特性。

在食品方面，一般认为采取好的、漂亮的精制包装或夸大的标签说明与内装食品的种类、品质、营养成分名不副实的做法也称作假冒。例如：假乳粉、假藕粉、假香油、假麦乳精、假糯米粉等。有的完全是假冒，如地沟油冒充食用油。

粉　饰　以色素（或颜料）、香料及其他严禁使用的添加剂对质量低劣的或所含营养成分低的食品进行调味、调色处理后，充当正常食品出售，以此来掩盖低劣的产品质量的做法称为粉饰。例如糕点加非食用色素、糖精等；将过期霉变的糕点下脚料粉碎后制作饼馅；将酸败的挂面断头、下脚料浸泡、粉碎后，与原料混合，再次制作成挂面出售。

2 食品添加剂的超范围使用和超限量使用究竟是谁的错

我们的日常食品，尤其是加工食品，几乎离不开食品添加剂。国家标准中对食品添加剂的允许使用品种、使用范围和最大使用量或残留量有明确的规定，按照标准使用添加剂，不仅不会对人体造成伤害，还会防止食品腐败进而提升其安全性，另外对食品外观、口感也会有改善。但是如果人为滥用食品添加剂，甚至使用非食用的化学物质冒充食品添加剂，就会给人体健康造成损害。

超范围使用

强制性国家标准《食品添加剂使用标准》（GB 2760—2014），对每种食品中可以使用的食品添加剂的种类和范围，都有明确规定。如规定膨化食品中不得加入糖精钠和甜蜜素等甜味剂，但是在质量抽查时发现不少膨化食品中添加了甜蜜素和糖精钠。又如，柠檬黄可用于膨化食品、果汁、碳酸饮料、配制酒、糖果、糕点等，但不允许在馒头中使用，而染色馒头就添加了柠檬黄冒充玉米馒头，既违规又欺诈。

超限量使用

指在食品生产加工中，使用的食品添加剂的剂量超出了国家强制性标准规定的最大剂量。这种情况出现的频率是比较高的。如2005年3月在某地销售的辣椒制品、番茄酱、肉制品的质量检测中发现，抽查的95个样品中有12个样品的防腐剂（苯甲酸或山梨酸）超限量使用，有4个样品的甜味剂（糖精钠）超限量使用，多为小企业为延长产品的保质期和降低生产成本造成的。

目前常见的超量使用有：①调味剂、防腐剂。主要见于蜜饯、果脯、茶饮料、易拉罐装碳酸饮料等食品。②色素。主要见于酱卤类制品、灌肠类制品、休闲肉干制品、五彩糖等食品。③护色剂。主要见于熟肉类制品。④过氧化苯甲酰。主要见于面粉（注：自2011年5月1日起，国家已禁止在面粉生产中添加过氧化苯甲酰、过氧化钙，食品添加剂生产企业不得生产、销售食品添加剂过氧化苯甲酰、过氧化钙。此前按照相关标准使用过氧化苯甲酰和过氧化钙的面粉及其制品，可以销售至保质期结束）。

其他问题

如在使用食品添加剂过程中，操作不规范、卫生不合格，也影响食品的质量。又如带入问题的存在：当A企业某种食品生产需要数种原料，而其中某一种原料残留有原来加入的食品添加剂时（A企业并不知情），使其带入到最终食品产品中，导致抽检时发现A企业最终产品该食品添加剂超范围使用的情况。所以，只有合格的食品原料才能使用。

3 苏丹红、三聚氰胺、瘦肉精是食品添加剂吗

近年曝光的多起食品安全事件中，很多都与食品添加剂无关，而是与食品中添加非食用物质有关。几起轰动效应很大的食品安全事件，如苏丹红鸭蛋、瘦肉精、三聚氰胺奶粉等，都因涉及非法使用化学物质冒充食品添加剂而东窗事发。

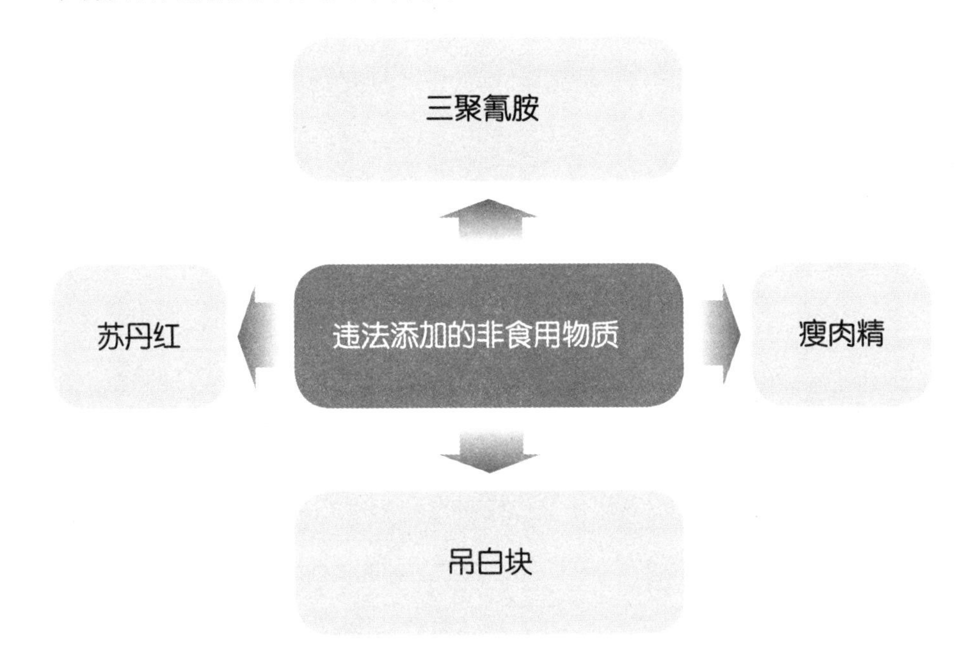

非食品用化学物质是指制作食品时加入了国家法律允许使用的食品添加剂、防腐剂以外的化学物质。这些物质大部分属于工业所用的添加剂，是未经国家批准或者已经明令禁用的添加剂品种，这些物质一旦添加到食品中，进入市场销售后，会导致食用者中毒甚至死亡的食品安全事故。如用盐酸克伦特罗和莱克多巴胺（瘦肉精）添加到猪饲料中，养殖出“健美猪”；用三聚氰胺添加到牛奶制成的奶粉中，提高含氮量；硫黄熏过的生姜，外观漂亮、卖相好，等等。瘦肉精、三聚氰胺、硫黄等都是危害健康的化学物质。这个问题也是目前社会影响最大的问题，也正是它导致了很多人对食品添加剂的误解。国家卫计委会同有关单位对原卫生部公告的6批《食品中可能违法添加的非食用物质和易滥用的食品添加剂名单》进行了修订，提出了《食品中可能违法添加的非食用物质名单》，如三聚氰胺、工业硫黄、苏丹红、吊白块、废弃油脂、孔雀石绿、毛发水、荧光增白物质等。

瘦肉精、三聚氰胺、硫黄等都是危害健康的化学物质。

苏丹红属于化工染色剂，主要用于石油、机油和其他一些工业溶剂中，目的是使其增色，也用于鞋、地板等的增光。

三聚氰胺是混凝土添加剂、塑料添加剂和涂料添加剂。

瘦肉精是一类动物用药，将瘦肉精添加于饲料中，可以增加动物的瘦肉量、减少饲料使用量，使肉品提早上市，降低成本，但考虑到其对人体的副作用，在我国已被禁用。

4 粮豆类食品可能存在的安全隐患有哪些

真菌及其毒素的污染 粮豆类在农田生长、收获及贮藏过程均可遭到此类污染，特别是玉米、花生。真菌生长繁殖并产生毒素使粮豆霉变，降低营养价值，并危害健康。真菌污染中，以黄曲霉毒素B_1的危害最大，是一种致癌物。

农药残留 来自直接施用杀虫剂、除草剂等农药及环境中农药污染。如含有机砷、汞等的农药，由于其代谢产物砷、汞最终无法降解而易残存于环境和植物体中。

有毒有害化学物质污染 来源于工业废水和生活污水（如含汞、镉、砷、铅、铬及酚和氰化物等有毒有害化学物质）未经科学处理即用于农田灌溉；粮豆在农田生长期和收割时可能混入有毒植物种子，如麦角、毒麦、曼陀罗等。

仓储害虫 最常见的仓储害虫有甲虫（黑皮蠹、大谷盗、米象、豌豆象、黑粉虫等）、螨虫（粉尘螨、户尘螨等）、蛾（印度谷螟、一点谷蛾）等。仓储害虫可损害粮豆原粮和半成品，使营养价值降低甚至丧失。

掺假 掺假的手法有掩盖霉变、违禁增白、人工染色、以次充好等。

5 食用油可能存在哪些有害物质

1 真菌及其毒素的污染

花生及花生油、玉米及玉米油、棉籽及棉籽油等最容易被黄曲霉及其毒素污染，豆类一般污染较轻。黄曲霉毒素B_1在一般烹调加热温度下不能被破坏。现代工艺加工处理的食用油，一般经过脱色脱毒处理，可降低该毒素浓度。

2 脱色过度残留的有害物质

植物油精炼包括脱色、脱臭和脱蜡等过程，以过滤有害物质，消除不良气味，提高油的品质。在油脂脱臭环节中，虽然高温和真空环境消除了一些有害物质，但同时却增加了聚合甘油酯等反式脂肪酸，它可增加患冠心病的危险性，还与乳腺癌发病相关。精炼过程使用活性白土脱色，如果工序不当，白土吸附的有害重金属离子（如砷）就可能溶解在油脂里。此外，脱色过程也流失了一部分天然生育酚（维生素E)、磷脂等有益物质。

3 滥用添加剂

国家标准允许生育酚、姜黄素、磷脂、山梨糖醇和辛癸酸甘油酸酯这5种添加剂可用于氢化植物油和人工油脂制品。这类添加剂，适量添加都可发挥其应有的功效，但一旦加量超标，长期食用会影响人体激素水平的平衡，影响肝、肾的生理功能。

4 地沟油

地沟油是指有的人为了牟取暴利，将酒楼餐馆下水道的泔水、屠宰场动物内脏下脚料和餐馆反复用过的炸货油，经过高温等工艺炼出的油，经过一番装饰，冒充食用油重返餐桌。地沟油不仅营养物质遭到彻底破坏，而且脂肪酸发生热裂解、热氧化、热聚合，会产生烃类、酚类、酮类等多种有害的有机化合物。

蔬菜水果可能潜在的危害因素有哪些

农药残留

蔬菜、水果农药残留较多，尤其像小白菜、大白菜、豇豆、圆白菜、菜花、苋菜、辣椒和茄子等昆虫喜欢吃的绿叶蔬菜，喷洒杀虫农药较频繁，农药残留问题较突出，影响了食用的安全。而南瓜、红薯、胡萝卜、洋葱、茼蒿、大葱、香菜、生菜、番茄因较少有昆虫啃食，一般不用杀虫剂。国家对蔬菜水果农药残留制定了最高允许浓度作为控制标准。农药残留量如果超标对健康会产生危害，一是经食品一次大量摄入可引起急性中毒，最常见的是有机磷农药急性中毒。二是若长期食用农药残留超标的农副产品，可导致人体和动物慢性蓄积性中毒，这类危害涉及面更广，导致人群许多慢性病发病增加，甚至影响到下一代。

工业废水和生活污水的污染

废水污水经过无害化处理后用于蔬菜地灌溉，可增肥增产。但如果用未经处理的废水污水直接灌溉，则其中所含有毒化学物质如酚、氰化物、铅、汞、镉等重金属、有机磷农药等，既影响蔬菜生长，又可通过蔬菜进入人体造成危害。

微生物和寄生虫卵污染

施用人畜粪便和生活污水灌溉菜地，蔬菜被肠道致病菌和寄生虫卵污染较为严重，有些地区的蔬菜中大肠埃希菌和蛔虫卵检出率很高；蔬菜水果在收获、运输和销售过程中，若管理不严也可被肠道致病菌和寄生虫卵污染，可引起肠道传染病和寄生虫病的传播。

腐败变质和亚硝酸盐危害

蔬菜、水果含水量大，本身含多种酶，且易受腐败菌污染，如贮藏不当时易腐败变质，影响营养价值。一般正常生长的蔬菜、水果，硝酸盐或亚硝酸盐含量很少，不会造成人体的严重危害。但在生长时碰到干旱，或收获期不合理及长期存放，或土壤长期过量使用氮肥，硝酸盐及亚硝酸盐含量就会增加。过量的硝酸盐和亚硝酸盐，一方面可使作物凋谢枯萎，另一方面可引起人畜中毒。

7 肉及肉制品可能存在哪些危害因素

腐败变质

畜禽肉富含蛋白质，若宰前感染病菌或宰后污染，再加上加工和贮藏过程中，如果管理不严，细菌在肉制品中大量生长繁殖，使肉质迅速分解，发生腐败变质。变质的肉不仅营养价值降低，而且其中的分解产物对健康有害。变质肉不可食。

传播人畜共患传染病和寄生虫病

如果牲畜患病，屠宰前后未经检疫，对这类病畜肉食前又未充分加热煮熟，食后就可能感染人畜共患病，常见的有炭疽、鼻疽、布氏杆菌病、口蹄疫、囊虫病（米猪肉）、旋毛虫病、结核病、沙门菌感染等。死因不明的畜肉不可食。

违禁添加

饲料使用瘦肉精属于违禁添加行为。此外，还有人向老牛身体注入番木瓜酶，促进肌纤维软化，冒充小牛肉牟取暴利；在圈养鸡饲料中添加有毒物质砷，使鸡皮变黄冒充散养鸡高价出售。向肉中注水：一是在猪、牛待宰前向其胃中强灌大量水，增加毛重；二是屠宰后往心脏里强注大量水，水分通过微细血管迅速扩散到肉体，增加净重；三是将肉块浸泡在水里，用水重冒充肉重。

兽药残留

为了防治疾病或某种需要，对牲畜生前可能使用过抗生素、驱肠虫药、抗原虫药、镇静剂类或肾上腺素受体阻断剂等兽药。这些兽药以原型及其代谢产物在食源性动物的细胞、组织或器官内蓄积或储存，并带入畜肉食品中，这就是兽药残留。一次大量摄入食品中的残留兽药可致急性中毒，如瘦肉精中毒。长期小量摄入可引起慢性中毒、过敏反应，甚至“三致”作用（致突变、致畸形和致癌）等危害。

8

鱼类、贝类可能携带哪些海洋毒素

多种鱼贝类海洋毒素

人类不断深入海洋食源，海洋毒素对健康的危害，引起人们广泛关注。现在发现的海洋毒素有河豚毒素、西加鱼毒素、麻痹性贝类毒素、腹泻性贝类毒素、神经性贝类毒素、记忆丧失性贝类毒素、组胺以及海参、鲍鱼、蟹类、水母、海胆、海蛇等海产品所带的毒素等。海洋毒素的危害，除极少数是生物体本身产生的外（如河豚毒素、鱼类组胺等），大多数是通过食物链、生物富集形成的。鱼或贝类越大，体内海洋毒素就越多。

河豚味美毒性大

河豚产于咸水淡水交界处，有100多个品种，肉味鲜美。河豚毒素主要在肝、卵巢，其次是皮肤、肠、睾丸、肾、血液、眼睛、鳃及鱼子等，是一种毒性很强的神经毒素。食用河豚时如处理不当易发生中毒，甚至致命。我国有关法规明确规定“河豚有剧毒，不得流入市场”。

鱼肉腐败组胺多

组胺是鱼体蛋白质中组氨酸的分解产物，是有毒物质。鱼类食品腐败时可产生大量组胺。凡青皮红肉的鱼类，如鲣鱼、参鱼、鲐鱼、金枪鱼、秋刀鱼、沙丁鱼等，在一定条件下易分解产生大量组胺；甲鱼、黄鳝含组胺也高。

鱼胆治病当心中毒

我国民间有用鱼胆治疗眼病、高血压、支气管炎等疾病的传统习俗。所用鱼胆多取自青、草、鲢、鳙、鲤等淡水鱼类。但由于用量及服法不当往往引起中毒。引起鱼胆中毒的物质是鱼胆中的氢氰酸、组胺和胆汁毒素。鱼胆成分虽然有轻微的药理作用，但其药效剂量与中毒剂量接近，因此，直接服用鱼胆容易引起中毒。

蛋及蛋制品可能存在的不安全因素有哪些

禽蛋可带细菌

患病母禽生殖器杀菌能力减弱，不能抵抗饲料中的病菌，病菌可通过血液侵入卵巢，在蛋黄形成过程遭受污染。污染蛋黄的主要是沙门菌。鸡、鸭、鹅都易被病菌感染，鸭、鹅等水禽的感染率更高。水禽蛋必须煮沸10分钟才可食用。蛋壳污染的来源是禽类的生殖腔、不洁的产蛋环境和运输过程。污染蛋壳的细菌常见的是沙门菌属、变形杆菌属、假单胞菌属、无色杆菌属等10余种细菌以及某些真菌。微生物可通过蛋壳上的气孔进入蛋体。微生物污染可导致细菌性食物中毒和引起蛋的腐败变质，降低甚至丧失营养价值。

遭受化学物质污染

苏丹红导致的红心蛋属于化学污染，是非法人为的。由环境污染使鲜蛋受化学物质污染也可能存在，主要是汞。而农药、激素、抗生素以及其他化学污染物均可通过禽饲料及饮水进入母禽体内，残留于所产的蛋中。

其他卫生问题

鲜蛋能不停地通过气孔进行呼吸，因此它具有吸收异味的作用。如果在收购、运输、储存过程中，与农药、化肥、煤油等物品以及蒜、葱、鱼、香烟等有异味或腐烂变质的动植物放在一起，就会使鲜蛋产生异味，影响食用。

10

豆制品可能存在哪些安全隐患

滥用添加剂

如果大豆原料系绿色品级，又坚守传统的豆制品制作工艺，这样的豆制品自然放心。但目前流入市场上的某些制品存在滥用添加剂现象，要么加强漂白，要么就是染色。豆腐、千张、腐竹等豆制品正常时颜色不是净白色，而是呈乳白、微黄或淡黄色，略有光泽；如果颜色非常亮白、鲜艳，或过于死白，则很可能是使用漂白剂如吊白块漂白的。吊白块是甲醛次硫酸钠和甲醛次硫酸氢钠混合物，对人体有毒性，是国家禁止使用的添加剂。传统的豆腐是使用豆浆添加石膏而制成，但目前有一种假豆腐，外观很嫩很白，实际上是人工合成豆腐，原料为大豆分离蛋白（营养价值很低）、变性淀粉和白色素，或者加少量豆浆，成本低，产量大。豆腐干有白豆腐干和香豆腐干。正常时，白豆腐干应与千张颜色基本相同。如果是香干或卤制的，颜色很深或发红，甚至是很耀眼的颜色，应留心是否为染色所致。

化学泡制的臭豆腐

传统制作臭豆腐的方法是利用有益菌发酵，生产周期较长。现在有人采用快速制作方法，几天就生产出“臭豆腐”：先用硫酸亚铁和硫化钠加水配成“臭水”，再把豆腐块或豆腐干浸泡在臭水中，经数日即成。这种“化学催臭法”速成的臭豆腐，其中含有害物质。

11 奶及奶制品可能存在哪些食品安全问题

微生物污染

奶中的微生物一是来自挤奶时的污染，包括来自动物乳房、挤奶场所的空气、挤奶用的设备。二是挤奶前产奶动物的感染。动物感染后，体内的致病菌经乳腺进入奶中，常见的有牛型结核杆菌、布氏杆菌、炭疽杆菌、葡萄球菌等。三是挤奶后的污染。通过挤奶员的手、畜体表面、挤奶用具、容器、空气、水等因素污染，如伤寒杆菌、副伤寒杆菌、痢疾杆菌、白喉杆菌等。

掺假或滥用添加剂

一是掺入非蛋白氮，如三聚氰胺奶粉事件，在奶中掺入三聚氰胺提高奶中含氮量，冒充蛋白质。尿素也是常见的掺假物。二是掺入电解质类，用盐、石灰、明矾等，以增加比重或中和酸败变质的牛奶。三是掺入非电解质类，掺蔗糖冒充乳糖。四是掺入胶体物质，如米汤、豆浆等呈乳状液体物；或用脂肪粉兑水后再掺和到鲜奶中。五是滥用添加剂，防腐剂如甲醛、硼酸、苯甲酸、水杨酸等，也有掺青霉素等抗生素的，也有滥用香精、香料的。

有害物质残留

病畜应用抗生素、污染饲料的真菌毒素、农药、重金属和放射性元素等都可在奶及奶制品中残留。奶中存在的过敏原对部分人来说，也是不安全的。

冷饮食品可能存在什么不安全因素

能否把握好添加剂

市场上五颜六色的冷饮食品，没有添加剂是做不出来的。一只雪糕，就可能含有多种添加剂。雪糕的添加剂主要有调味、着色、塑形、乳化等四类，它们都是雪糕口感好所必不可少的成分，没有这些配料，雪糕的质地就没法均匀，冻出来的状态就像大冰块一样硬而难吃，既不甜也没有风味，还非常容易化成水。从安全性来说，主要是香精和色素，它们绝大部分是化工合成产品。仅着色剂就有很多种，国家标准允许可在某些冷饮食品中使用的色素（着色剂）就有日落黄、柠檬黄、胭脂红、苋菜红、红花黄、红米红、红曲红、姜黄、姜黄素、焦糖色、可可壳色、辣椒橙、辣椒红、蓝锭果红、靛蓝、亮蓝等。但对各类冷饮食品允许使用的品种、最大使用量或残留量，都有明确规定。

能否防止细菌污染

冷饮食品中细菌污染源于原、辅料的污染、加热后制冷过程及存放过程的再污染。一般原、辅料细菌污染较严重，加热熬料的温度与细菌数量变化密切相关，加热越透细菌数量减少越明显。但加热后的冷却过程，随着加工程序增多，重新污染又会增多，这与空气中细菌的沉降、容器和用具清洁状况、包装材料卫生状况以及操作人员个人卫生习惯等有关。销售环节也可能造成污染。污染冷饮常见的细菌有痢疾杆菌、沙门菌、致病性大肠埃希菌、葡萄球菌、变形杆菌等。

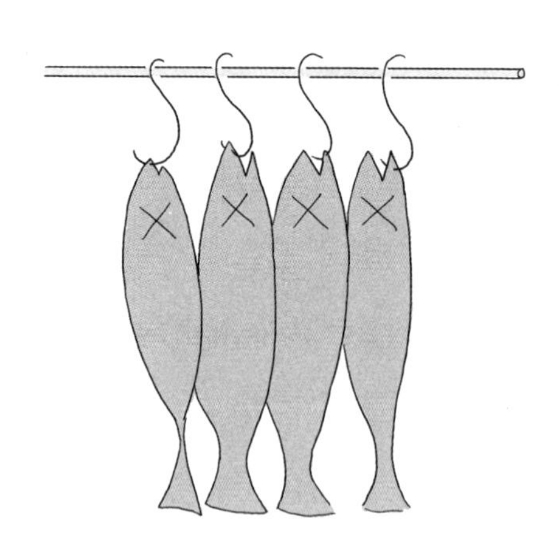

13 调味品是否存在安全隐患

调味品是指能增加菜肴的色、香、味，促进食欲，有益于人体健康的辅助食品。醋、酱油是最常食用的调味品。

勾兑就是配制或混合，即用一种主要原料，再用其他原料、添加剂及稳定剂、色素等调节、调和使之达到原味标准。勾兑是某些食品正常生产过程中的一种工序，例如白酒基本上都是勾兑的。但由于近年爆出的“勾兑骨汤”“勾兑豆浆”“勾兑果汁”等事件，使“勾兑”蒙上了阴影，“勾兑食品”成了不安全的代名词。那么勾兑醋、勾兑酱油有无安全隐患呢?

勾兑醋

食用醋分为酿造食醋和勾兑醋（配制食醋）两种。酿造醋工艺复杂、周期长、成本高，满足不了市场需求，市面上所谓陈醋大多数为勾兑醋。酿造醋的原料为淀粉类、糖、食用酒精、酶制剂、水等，勾兑醋成分为成品酿造醋、食用冰醋酸、食品添加剂（甜味剂、色素、防腐剂）等。酿造醋营养成分远多于勾兑醋。勾兑醋是以酿造食醋为主体，与食品添加剂等混合配制而成的调味食醋，其中，酿造食醋（以乙酸计）的比例不得少于50%。

只要按标准添加食品添加剂，勾兑醋不存在安全问题。但有的企业为了牟取暴利，用成本较低的工业冰醋酸替代食用醋酸直接勾兑食用醋。工业冰醋酸不是食品原料，属于非法添加剂，对人体健康有危害。

勾兑酱油

酱油可分为酿造酱油、配制酱油和酸水解植物蛋白调味液。酿造酱油工艺复杂，时间长，成本高，营养价值高，而安全性问题较少；配制酱油工艺简单，产量高，成本低，营养价值较低，而在生产中容易形成不安全物质，国家已经制定了强制性执行的标准。目前国内酱油中，真正的酿造酱油所占比例很小，大多属于配制酱油或勾兑酱油。

配制酱油是以酿造酱油为主体（比例不得低于50%），与酸水解植物蛋白调味液、食品添加剂等配制而成的。酸水解植物蛋白调味液是允许加入的，酸水解植物蛋白调味液一般是以大豆、小麦蛋白等为原料制成的液体鲜味调味品。由于大豆中含有丙醇，在酸水解过程中生成二类致癌物质三氯丙醇。不过，三氯丙醇若未超过国家行业标准限量，是安全的。但要防止有人用盐水、酱色（焦糖色素）、柠檬酸和味精，或用盐水和酱色，或用酱油香精、焦糖香精、盐水等勾兑成假酱油，这类假酱油不仅无营养价值，而且可能混入有害杂质。

14 食品烹调不当"烹"出的问题有哪些

烹饪与烹调词义相近但有区别。烹饪是指制作菜点的全部过程，而烹调是指将经过加工处理的烹饪原料用加热和加入调味品的综合方法制成菜肴的一门技术，是“锅中技术”。

加热烹调的两面性

加热是食品烹调的主要环节，要保证食品安全，对加热产生的两面性应有充分认识，并做到掌握火候。加热可杀灭微生物，是保证食品安全的重要措施。63~65℃经30分钟，70℃经5~10分钟，85~90℃经3分钟或100℃经1分钟加热，一般细菌就会被杀死，但不能杀死芽孢细菌、真菌孢子。因此，可以根据不同的烹饪原料灵活选用加热温度和时间。如蛋类易受沙门菌污染，加热温度70~80℃经8~10分钟可煮熟蛋同时杀灭沙门菌。但为了保证食品营养和风味以及防止产生有害成分，切忌温度太高或时间太长。

高温长时间加热时有害物质主要来源于两个方面。

（1）来自原料　原料中的蛋白质和碳水化合物，在高温长时间加热时极易产生有害物质。在45~120℃范围内，原料的蛋白质处于正常热变性状态，这种适度变性，有利于人体的消化吸收，但超过120℃，蛋白质脱去氨基，有可能与碳水化合物的羰基结合，发生非酶褐变。当上升到200℃以上且继续加热时，蛋白质则完全分解并焦化成对人体有害的物质，包括致癌物。

（2）来自油脂　在高温下，油脂开始部分水解形成甘油和脂肪酸，当不断加热使油温升高到300℃以上时，脂肪酸分子开始脱水缩合成分子量大的醚型化合物；温度继续上升时，脂肪酸分子分解为酮类、醛类物质，同时，亦生成各种形式的聚合物。另外，高温下油脂水解的甘油也进一步脱水生成具有挥发性和强烈辛酸气味的物质丙烯醛。当油面冒青烟时，表示油温达到该油脂的发烟点，有丙烯醛生成了。一般认为高温下产生的各种聚合物是主要的有害物质，经动物试验有致癌作用。

防止食品加热产生危害的措施

为防止油脂经高温加热带来的危害，用油加热时应做到：①尽量避免持续高温煎炸食品，一般烹饪用油温度最好控制在200℃以下。②反复使用油脂时，应随时加入新油，并随时沥尽浮物杂质。③据原材料品种和成品的要求正确选用不同分解温度的油脂。如松鼠鱼、菠萝鱼等要求230℃以上温度成型时，应选用分解温度较高的棉籽油和高级精炼油。④炒烧菜肴时适时加入足够的水，可抑制有害物质产生。

哪些食品易携带引起食物中毒的细菌

细菌性食物中毒的发生与不同区域人群的饮食习惯有密切关系。如美国多食肉、蛋和糕点，发生葡萄球菌食物中毒机会最多；日本喜食生鱼片，发生副溶血性弧菌食物中毒机会最多；我国食用畜肉、禽肉、蛋类食品较多，多年来一直以沙门菌食物中毒居首位。

这说明不同食品污染与所引起的细菌性食物中毒之间存在关联，有一定规律性。

沙门菌食物中毒

主要为动物性食品，特别是畜肉类及其制品，其次是禽肉、蛋类、乳类及其制品，由植物性食品引起的较少。畜禽肉沙门菌来源有畜禽生前感染和宰后污染。患病动物产奶可使奶中带菌，或奶挤出后遭污染。蛋类污染来源较多，病禽卵巢沙门菌可直接进入蛋内，或蛋经过泄殖腔及产出后遭到污染。熟制食品可经带菌容器或手等被再次污染。

变形杆菌食物中毒

主要为动物性食品，其次是豆制品、剩饭菜和凉拌菜等。食品制作过程，生熟容器、用具未严格分开，或操作人员的手不洁等造成二次污染。

副溶血性弧菌食物中毒

主要来源为海产品鱼、虾、蟹、贝类等食品。我国华东沿海某地区海产品该菌检出率为57.4%~66.5%，其中墨鱼为93%，海虾为45%~48%，夏季可高达90%。腌制的鱼贝类食品带菌率为40%左右。食品用具、容器上该菌检出率也高达60%。再加上人们食用海鲜的烹调方法有不卫生的习惯，如半生吃等，更增加中毒的风险。

致病性大肠埃希菌食物中毒

大肠埃希菌广泛存在于自然环境中，在卫生条件较差的地区，人群带菌率较高。因此，导致该菌污染的食品种类较多。常见中毒食品有肉类、蛋及蛋制品、奶及奶制品、水产品、豆制品、蔬菜等，特别是熟肉和凉拌菜。

肉毒梭状芽孢杆菌食物中毒

引起中毒的食品因地区和饮食习惯不同而异。国内主要是植物性食品，多见于家庭自制发酵食品如豆酱、面酱、臭豆腐，其次为肉类、罐头、酱菜、鱼制品、蜂蜜等。新疆是我国肉毒梭状芽孢杆菌食物中毒较多的地区，可能引起中毒的食品有30多种，常见的有臭豆腐、豆酱、豆豉和谷类食品。在青海主要是越冬保藏的肉制品，食用前加热不够所致。

葡萄球菌肠毒素食物中毒

引起葡萄球菌肠毒素中毒的食物主要为禽畜肉、牛奶及奶制品、蛋及蛋制品、鱼、剩饭、糯米凉糕、凉粉、米酒等。我国以牛奶、奶油蛋糕、冰淇淋、煎荷包蛋等为常见。含蛋白质丰富、水分多又有一定淀粉的食物，受污染后易产生肠毒素，特别是存放在通风不良地方时产毒更多。

蜡样芽孢杆菌食物中毒

蜡样芽孢杆菌食物中毒所涉及的食品种类很多，主要与受污染的米饭或淀粉类食品有关，以米饭、米粉最为常见，尤其是隔夜米饭；其次是乳及乳制品、肉类、蔬菜、马铃薯、甜点心等。特点是除米饭稍有发黏、入口不爽外，其他食品腐败变质现象不明显。

椰毒假单胞杆菌食物中毒

椰毒假单胞杆菌可污染多种食品并产生毒素，如玉米、小米、高粱米、大米、大豆粉、奶粉、银耳等。但以酵米面污染及其引起的椰毒假单胞杆菌中毒最多见，酵米面中毒几乎就是椰毒假单胞杆菌中毒的代名词。酵米面又称“臭米面”，是我国东北地区一种传统食物。其制法是将玉米、高粱米、小米等浸泡15~30天发酵后，水洗、磨浆、过滤、晾晒成粉即为酵米面。再用它做成多种食品，如面条、饺子、汤圆、糍粑等。如原料或半成品受到该菌污染，食后可致中毒。

耶尔森菌食物中毒

引起中毒的食物主要是动物性食品，如猪、牛、羊肉，其次是生牛奶，尤其是低温运输或储存的奶及奶制品。带菌的豆制品、沙拉、牡蛎、蛤和虾亦有引起中毒的报告。

李斯特菌食物中毒

引起中毒的食物主要是软乳酪、未充分加热的鸡肉、未再次加热的热狗、鲜牛奶、巴氏消毒乳、生牛排、羊排、卷心菜沙拉、芹菜、番茄、法式馅饼、冻猪舌等。这些主要是西餐。我国目前虽然没有李斯特菌食物中毒暴发流行报道，但食品卫生监测表明，李斯特菌在我国各类食品中普遍存在，值得注意。

16

哪些植物性食品含有天然毒素

有些植物性食品含有天然毒素，如果误食，或烹调不当，毒素没有完全被清除，食后就可能中毒。常见的含有有害物质或毒素的植物性食品有如以下几种。

有毒蘑菇

蘑菇医学上称为蕈，属大型真菌类。我国鉴定蕈类中可食用的有300多种，有毒蕈约100种，可致人死亡的至少10种，即褐鳞小伞、肉褐鳞小伞、白毒伞、褐柄白毒伞、毒伞、残托斑毒伞、毒粉褶蕈、秋生盔孢伞、包脚黑褶伞、鹿花蕈等。蕈的种类很复杂，一旦误食毒蕈即可中毒。毒蕈的毒素种类繁多，一种毒蕈可含多种毒素，或一种毒素又可存在于数种毒蕈中。毒蕈的毒素有胃肠毒素、神经毒素、溶血毒素和肝肾毒素等。因毒素种类多，故中毒表现多样。

从全国毒蕈中毒发生季节统计，主要集中在第二、第三季度，其中第三季度为中毒发生高峰季节。第三季度毒蕈中毒起数、中毒人数、死亡人数分别占4个季度总数的57.4%、58.7%和60.0%。这是因为第二、第三季度正是春夏秋季节，气温高、雨量充沛，野生蕈类大量生长。个人和家庭采蕈者很多，如缺乏毒蕈鉴别经验，易误食中毒。

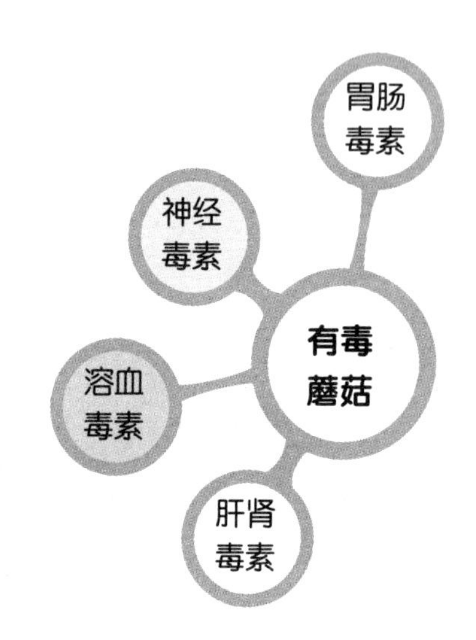

四季豆

四季豆又名菜豆、梅豆角、芸豆、扁豆、京豆等。生鲜四季豆中含的有毒成分是：①皂苷（或称皂素）。可破坏红细胞，引起溶血，对消化道具有强烈的刺激性，可引起出血性炎症。②植物血凝素。也叫红细胞凝聚素，是一种有凝血作用的毒蛋白，能引起红细胞凝集。③胰蛋白酶抑制素。可使胃肠胰蛋白酶失去活性，引起消化不良、胃胀、恶心、腹痛等。这3种毒素可通过充分加热而被破坏。此外，存放过久的四季豆中，亚硝酸盐含量大量增加，也是有毒物质。

四季豆中毒多发生在集体食堂，主要原因是锅小加工量大，翻炒受热不匀，不易把四季豆烧透焖

熟；有的厨师喜欢把四季豆先在开水中焯（氽）一下然后再用油炒，误认为两次加热就保险了，实际上哪一次加热都不彻底，最终未把毒素破坏掉；有的厨师为了四季豆颜色好看，片面强调“热锅快炒”，实际上没有把四季豆煮熟煮透，导致食后中毒。

生豆浆

生豆浆中含蛋白酶抑制素（主要是抗胰蛋白酶因子）和皂苷等成分，是引起中毒的主要原因。抗胰蛋白酶因子，可抑制胰蛋白酶的消化作用，对人体生长产生影响，并对胃肠道有刺激作用。皂苷能刺激人体的胃肠黏膜，使人出现一些中毒反应。蛋白酶抑制素和皂苷等成分较耐热，当生豆浆加热到80~90℃时，会出现大量的白色泡沫，往往误认为煮开而停止加热。其实这是一种“假沸”现象，此时的温度还不能破坏豆浆中的这些物质而致中毒。

黄花菜

黄花菜又名萱草、金针菜、忘忧草。引起中毒的是食用新鲜黄花菜。新鲜黄花菜中含有一种名叫秋水仙碱的物质，过多食用会引起中毒。秋水仙碱本身毒性较低，可作为治疗痛风的药物之一。但秋水仙碱进入人体后易蓄积，经氧化生成的二秋水仙碱有剧毒，对人体的胃肠道和呼吸系统具有强烈的刺激作用，成人如一次食入0.1~0.2毫克秋水仙碱（相当于新鲜黄花菜50~100克），即可发生急性中毒。但其有毒成分在高温60℃时可减弱或消除。

木薯

木薯又名木藷、树薯、树番薯，富含淀粉，并含有蛋白质、脂肪和维生素等营养成分，是我国南方主要杂粮之一。如生食或未煮熟食用就会中毒。其有毒物质是亚麻苦苷和亚麻苷酸，这些物质经同存于木薯中的亚麻苦苷酶水解后，析出游离的氢氰酸可使人体组织细胞发生窒息而引起中毒。一般氢氰酸中毒发病快，但木薯中毒病情发展缓慢，因为亚麻苦苷不能在酸性的胃内水解，而需要在小肠中进行。毒素主要作用于中枢神经和血管运动中枢。

第三章

如何在日常生活中注意食品安全

1 能用报纸或广告纸等印刷品直接包装食品吗

报纸或广告纸上大部分是油墨，若用报纸或广告纸直接包装食品，容易引起油墨污染。

首先，油墨中的主要污染物是重金属，包括铅、铬、镉、汞等，比如铅元素会阻碍人体血细胞的形成，造成脑损伤等。

其次，报纸或广告纸印刷时使用的油墨通常含有乙醇、异丙醇、甲苯、二甲苯等具有毒性的有机溶剂，虽然经干燥后这些有机溶剂绝大部分危害会消除，但残留部分仍然会存在潜在危险，特别是广告纸，油墨面积大，有机溶剂残留多，长期接触或经污染的食物进入人体会影响大脑的中枢神经。

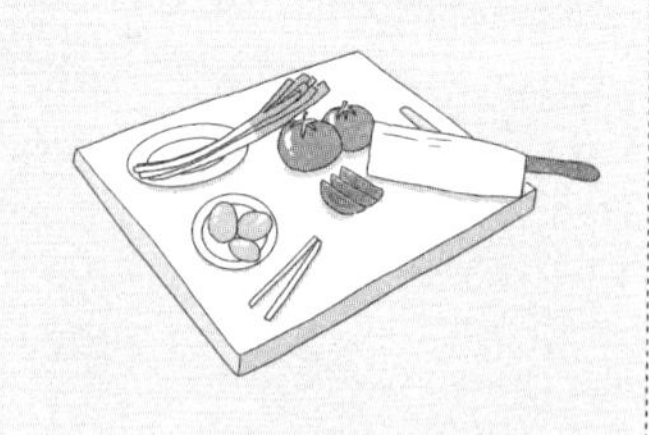

最后，如果使用的是旧报纸，还存在传播病毒的危险。

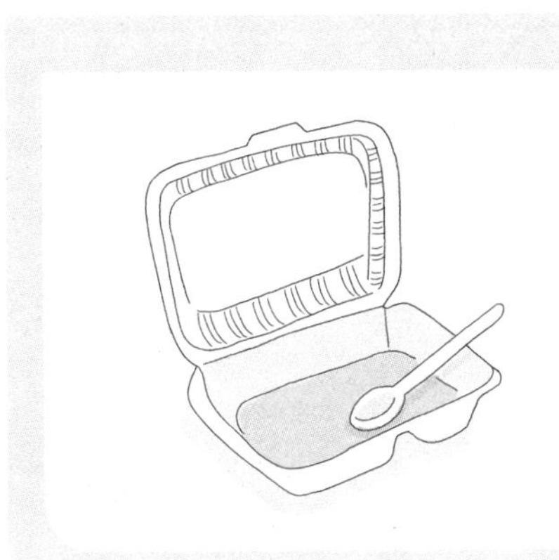

2 一次性餐具存在哪些安全隐患

一次性餐具包括餐盒、筷子和纸巾等。其中，我国使用的一次性餐盒90%以上是塑料制品，因而备受关注，其安全问题主要有两方面。

(1) 危害健康的隐患 使用合格的餐盒不会影响人体健康。而劣质的餐盒，其原材料主要是废旧塑料、工业级碳酸钙、滑石粉、石蜡等物质，使用时有些成分可随酸、油等析出而进入人体，可引发消化不良、肝损伤等疾病，甚至导致胆结石、肾结石、重金属中毒。工业石蜡、塑料成分聚苯乙烯都是致癌物质，这类餐盒在65℃左右，还会产生强致癌物质二噁英。

(2) 造成环境恶化 ①难以降解：大量废弃塑料餐盒处理困难，聚苯乙烯等成分在自然环境中降解期长达100~200年，若被填埋会侵占过多土地。②化学污染：在降解过程中，部分有毒添加剂会逐渐释放出来，污染和破坏土壤和水资源。如果燃烧会产生多种有毒气体，造成大气污染。③危害动物：抛弃在陆地或水体中，被动物吞食后将导致其死亡。④火灾隐患：白色垃圾几乎都是可燃物，在天然堆放过程中会产生甲烷等，遇明火可能引起火灾事故。

3 如何保证厨房的卫生安全

厨房是加工食物的场所，保持厨房环境清洁才有利于保证食物的卫生安全。保持厨房环境清洁需要注意以下几个方面。

1. 每次使用厨房用具和工作台后，要用热水和清洗剂洗净，保持厨房卫生。
2. 盖好贮存食物及原料的容器。
3. 盖好垃圾桶，每天至少清理一次垃圾。
4. 保持厨房地面清洁，排水道密闭、干净畅通。
5. 生的食物和即食食物要用两套不同的刀和砧板分开处理，以免交叉污染。
6. 注意防鼠灭鼠、防虫灭虫。如果使用灭鼠剂和杀虫剂，应防止其污染食物。
7. 禁止宠物进入厨房。
8. 房屋出现裂缝缺口及时修补。

4

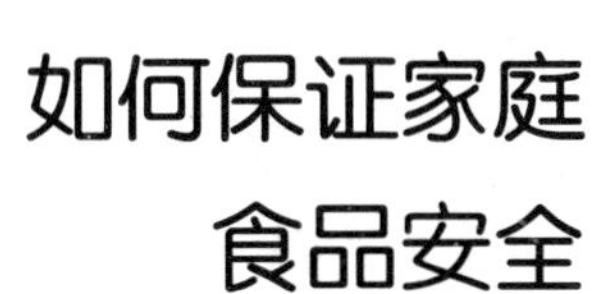

如何保证家庭食品安全

保证家庭食品安全应遵循世界卫生组织的“食品安全五大要点”。

要点一　保持清洁

操作食物之前要洗手，制备食物过程中要经常洗手；便后洗手；清洗和消毒所有用于制备食物的设备表面；避免昆虫、害虫及其他动物进入厨房和接触食物。

要点二　生熟分开

将生的肉、禽、水产食品与其他食物分开；处理生食食物要用专用的设备和用具，如刀具和案板；将食物存放在器皿内，避免生熟食物相互接触。

要点三　做熟

彻底煮熟食物，尤其是肉、禽、蛋和水产品；制备汤或炖菜等要煮沸，确保食物内部温度达到70℃以上，煮肉和禽类食物时，确保汁水是清的，而不是淡红色，最好使用食物温度计；熟食二次加热时，要彻底热透。

要点四　在安全的温度下保存食物

熟食在室温下不得存放2小时以上；所有熟食和易腐食物应及时冷藏（最好在5℃以下）；食用前应保持食物达到足够的温度（超过60℃）；即使在冰箱中也不能过久地贮存食物；冷冻食品不要在室温下化冻。

要点五　使用安全的水和食物原料

使用安全的水或将水处理成安全的；挑选新鲜和卫生的食品；选择经过安全加工的食品，如经过巴氏消毒的牛奶；水果和蔬菜要清洗干净，尤其是在要生吃时；不要吃超过保质期的食物。

什么是科学的洗手方法

以下情况需洗手

处理食物前，烹制食物或处理原料期间，处理生肉或家禽后需洗手。

处理不洁的设备或用具后、上厕所后需洗手。

触摸耳鼻、口腔、头发或身体其他部位后需洗手。

触摸如钱币等其他物品后需洗手。

处理垃圾或触摸化学物品后需洗手。

科学的洗手方法是以清水、肥皂或洗手液清洗双手，首先用流动的水把手润湿，包括手腕、手掌和手指均要充分淋湿，用肥皂或洗手液涂抹双手各部位，双手互搓擦至少20秒，搓洗双手的手心、手背、手指、指尖、指甲及手腕，然后用清水彻底冲洗双手，捧水将水龙头冲洗干净，关闭水龙头，或用纸巾包着水龙头关闭，最后用清洁的手纸或毛巾擦干双手。

6 利用冰箱保存食物时需要注意哪些问题

不同食物有不同的适宜储藏温度，有的食物要放在冷藏室内即在0～4℃下储藏，有的食物要放在冷冻室内即在-18℃下储藏。

不宜无限期地长时间保存，食物都有保质期，应在保质期内食用。

封装食物防串味及污染，洋葱等散发强烈气味的食品应单独封装或隔离放置。

生食与熟食须分开，以防止交叉污染，熟食放上格，生食放下格。

7 如何正确选择食品加热容器

微波炉加热食品时，加热容器建议使用玻璃或陶瓷，不可使用有金属或金属装饰的容器，如塑料购物袋、发泡胶托盘或金属铝箔及蜡纸等，塑料容器应使用聚丙烯之类等熔点较高的器皿，即底部标注为5号的塑料容器。不要使用快餐店提供的容器加热，这类容器通常不能在高温下使用。使用微波炉加热食物应用专用保鲜膜，如果时间长建议不用。利用蒸、煮、炒等加热方式时，加热器皿最好用铁、不锈钢或陶瓷的。避免用含水银、铅、铝或铜的容器。

8 烹炸油的品质在烹炸过程中会有怎样的变化

烹炸油在反复烹炸过程中，会发生一系列物理和化学变化，包括颜色变深、容易起烟等可见现象，以及氧化、聚合和水解等反应。有些反应形成了食物中受欢迎的风味和色泽；有些反应则对烹炸油的品质造成不良影响，进而影响食物营养、风味和人体健康，必须加以控制。只要使用的烹炸油符合国家标准规定的质量指标，对人体就不会有危害。这其中的关键就是要做好油品监测和管理。

9 烤肉一定致癌吗

很多人都听过这样的说法：吃多了烧烤容易致癌。烤肉中的致癌物有两类：一类叫作“杂环胺”，另一类叫作“多环芳烃”。多环芳烃在自然界中广泛存在，种类繁多，在烤肉中发现的苯并芘是其中的一种，也是最早被人类认识的化学致癌物。这些致癌物产生的条件都是烤肉温度超过200℃。然而蒸煮时，肉的温度基本不会超过100℃，远低于生成致癌物所需要的温度。

如果采取有效的措施，这些致癌物的产生也是可以减少的。

方法一 将烤盘散出的烟气从下面抽走，不但没有烟气污染，还能有效控温让肉不会焦煳，大大减少致癌物的产生。

方法二 用大蒜汁和桂皮粉、迷迭香等腌制肉片，可以减少烤制时致癌物的产生数量。

方法三 用生的绿叶菜裹着烤肉吃，也可以大大降低致癌物的毒性。

10

如何去除果蔬上的农药残留

买回来的新鲜果蔬可通过以下方法适当处理和清洗，尽量避免或减少对农药残留的摄入。

（1）放置 一些耐储藏蔬菜如白菜、黄瓜、西红柿等，买回后可先放几天。空气中的氧与蔬菜中的酶类对残留农药有一定分解作用。

（2）清水浸泡洗涤 有机磷类、拟除虫菊酯类农药在水中可部分水解。叶菜及瓜茄类烹调前，用清水浸泡10分钟，再用清水冲洗3~ 5 分钟，可除去80%左右的残留农药，这是较为简便有效的方法，一般无需用碱水、盐水、淘米水等清洗，更不适合用洗涤剂清洗。

（3）去皮 根茎类蔬菜以及苹果、梨、柑橘等水果表皮上的农药残留量一般高于内部组织，清洗后剥皮是清除残留农药的好方法。

（4）烹调 经过浸泡、洗涤、去皮等处理后再切碎烹调，即使还有渗透到菜叶、根茎内部很少量的农药，最后经高温烹调也很快被分解破坏了。

可见，在日常饮食中，我们把果蔬如上做了一番“卫生大扫除”再入口，就不用担心果蔬农药残留问题了。

“千万不能吃剩菜、剩饭”的说法对吗

这种说法是不对的。只要我们注意保存方法，剩菜剩饭是可以吃的。剩下的汤菜、炖菜和炒菜等，必须先烧开，装在有盖的容器中，变凉后再放入冰箱中冷藏；吃时还要烧开热透。剩下的拌菜或酱、卤肉类应立即放入冰箱冷藏或冷冻，下次吃时一定要回锅加热，或者改变烹调方式，如改为汤菜、炖菜。保存剩饭，应将剩饭松散开，放在通风、阴凉和干净的地方，避免污染。等剩饭温度降至室温时，放入冰箱冷藏。剩饭的保存时间，以不隔餐为宜，早剩午吃，午剩晚吃，相隔时间尽量缩短在5～6小时以内。不要吃热水或菜汤泡的剩饭，不能把剩饭倒在新饭中，以免加热不彻底。在做饭时，也可把剩饭与生米一起下锅。

当然食品最好当天吃完，剩菜剩饭放久了或储存不当都会产生有毒物质。因为许多病菌在低温下照样繁殖，例如耶尔森氏菌、单增李斯特菌等在4～6℃的冷藏柜里照样可以生长繁殖。

12

如何正确解冻食物

解冻食物要选择正确的解冻方法，否则会引起存活的细菌急剧增长。

正确的解冻方法

微波炉解冻

除去食物包装，把食物放在微波炉适用的器皿内解冻，微波炉解冻的食物应立即烹调。

常温解冻

将食物放置在容器内室温解冻，解冻后应尽快烹调。

冰箱解冻

在冰箱冷藏室解冻，这种方法解冻时间长，食物保持在低温状态，细菌很难滋生，解冻后仍可置于冰箱中一段时间再食用。

解冻食物时需要注意

一是避免用热水浸泡冻肉，防止微生物大量繁殖。

二是冷冻肉解冻后，不宜再进行复冻，复冻后的肉不耐贮藏，易变质，而且反复冷冻会使肉的保水能力降低，营养价值和风味下降。

第四章

如何有效预防食品安全风险

1 预防细菌性食物中毒需要把好哪三关

我国各类食物中毒事件中，细菌性食物中毒占首位。根据细菌性食物中毒发生的3个基本条件，各种细菌性食物中毒的预防措施都要把好三关，即防止食品的细菌污染关、合理保藏食品控制细菌生长繁殖关、食前充分加热灭菌关。

把好细菌污染关

加强对污染源或传染源的管理，做好牲畜宰前、宰后的卫生检验，防止感染沙门菌的病畜肉混入市场。对海鲜食品应加强管理，防止污染其他食品。严防食品在加工、贮存、运输、销售过程中被病原体污染。食品容器、砧板、刀具等应严格生熟分开使用，做好消毒工作，防止交叉污染。生产场所、厨房、食堂要有防蝇、防鼠设备。严格遵守饮食行业和炊事人员的个人卫生制度。坚持饮食服务就业体检和健康上岗制度，患化脓性疾病、上呼吸道感染和肠道传染病及带菌者，在治愈前不应从事接触食品的工作。

把好细菌繁殖关

细菌生长繁殖需要一定温度、湿度及其他适宜条件，如果改变这些条件，细菌的生长繁殖就会受到影响，甚至不能生存。例如，绝大部分致病菌生长繁殖的最适宜温度为20~40℃，在10℃以下繁殖减弱，低于0℃多数细菌不能繁殖和产毒。抑制细菌生长繁殖的方法有低温保藏（包括冷藏和冷冻）、干燥与脱水、提高渗透压（包括盐腌和糖渍）、提高氢离子浓度（如醋渍和酸发酵法）、添加化学防腐剂等。而巴氏消毒（60~65℃，30分钟）可杀死一般致病菌（不能杀灭细菌芽孢），高温（如115℃加热20分钟或130~135℃加热3~4秒）或辐照则可杀死包括芽孢在内的所有细菌。家庭剩饭菜可放在阴凉通风处，放凉后冷藏。

把好食前加热关

这是防止细菌性食物中毒的一种可靠的方法。其效果与温度高低、加热时间、细菌种类、污染量及被加工的食品性状等因素有关，根据具体情况而定。如做肉食，为彻底杀灭肉中病原体，肉块不应太大，加热使内部温度达到80℃，持续12分钟。水禽蛋类应100℃煮8~10分钟。食品加热烹调中的灭菌安全与营养安全存在许多矛盾，如高温加热时间长有利于灭菌，但某些营养素会遭到破坏，也会影响食品的风味。这就要根据食品种类、污染情况、饮食习惯来运用适当的烹调技术，达到灭菌与营养双安全。

挑选放心食品做到哪五要

要到持证的超市、商店等场所购买

选择到持有并悬挂《食品经营许可证》的超市、食品商店、大卖场以及规范的市场去采购食品，比较安全可靠，不要在无证食品摊点或马路摊点选购。《食品经营许可证》包括经营者名称、社会信用代码（身份证号码）、法定代表人（负责人）、经营场所、主体业态、经营项目、投诉举报电话、有效期限等内容。

要查看包装上信息是否明确

定型包装上或散装食品的显著位置上信息明确齐全、印制清晰的食品属于合格安全的食品，可放心购买；如果包装上信息含糊不清、印制模糊，则可能属于假冒伪劣制品，就不要购买。合格食品的包装上或散装的显著位置上应标明食品名称、配料表、生产厂家及地址、生产日期、保质期限、保存条件、食用方法、电话号码等内容，裱花蛋糕的生产日期应标在产品包装表面。

要观察有无交叉污染

选购直接入口的食品时，要注意销售区域是否存在与非直接入口食品混放情况，如有则可能交叉污染，不安全。

要留意几种食品的证明或单据

如果选购以下食品，则须留意并索看其应有的证明或单据：①肉与肉制品的肉品检疫合格证。②散装熟食卤味品的熟肉送货单。③豆制品的豆制品送货单。

要检查食品卫生质量

选购食品时，可用以下方法检查食品卫生质量。

1. 看颜色。在自然光线下查看食品的色泽、形状，如发现色泽异常，与食品属性不符，如发绿、发红、发灰或暗褐色等，很可能是变质食品。
2. 闻气味。某些食品受污染后，品质发生改变，可产生特殊气味，如陈腐味、哈喇味、霉味、酒味及腐败臭味等。
3. 尝味道。必要时可用舌尖辨别有无异常味道。
4. 手触摸。用手触摸、按捏，某些食品变质后的组织状态发生变化，有变软、产生溢出物或发黏的现象。

3

怎样鉴别大米的新、陈、优、劣

大米是我国的主食之一。大米有籼米、粳米和糯米三类。大米品种较多、风味各异，但对其质量的鉴别方法基本相同。选购大米时，除了查看水分含量、有无杂质及生虫情况外，主要须鉴别是新米还是陈米及质量优劣。

辨别新米、陈米

新米米粒有光泽，透明度好，有大米固有的清香味，手抓滑爽，米粒的腹部、基部、胚芽能保留部分或绝大部分，腹白（米粒上呈乳白色的部分）很小。米饭油润可口、黏性好、味清香。陈米米粒没有胚芽，光泽较暗，透明度差，手抓大米时会粘上糠粉，有陈米味。米饭口味较差，腹白大的米黏性差。如有霉变，可闻到霉味。

一查 根据规定，米袋上必须标注生产日期、产品名称、生产企业名称和地址、净含量、保质期、质量等级、产品标准号等内容。

二看 新大米除了米粒大小均匀、丰满，色泽鲜亮而有光泽外，罕见碎米和黄粒米。

三抓 抓一把大米在手中，放开后观察手里是否粘有白兮兮的米糠粉，这种米糠粉情况在合格的新大米中很少发现。

四闻 手中取少量米粒，向它们哈一口气，或用手搓使其发热，然后立即嗅其气味，正宗的新大米有股扑鼻的清香味。

五尝 取几粒大米放入口中细细咀嚼，合格的新大米味微甜，无霉味和酸味。

辨别米质优劣

（1）优质大米 色青白，有光泽，半透明。米粒均匀，坚实丰满，粒面光滑完整，很少有碎米，无爆腰（米粒上有裂纹），无腹白（腹白是由于稻谷未成熟，糊精较多而缺乏蛋白质），无虫，不含杂质。具有正常大米清香味，滋味微甜，无异味。

（2）次质大米 色泽呈白色或淡黄色，透明度差或不透明，米粒大小不均，饱满度差，碎米多，有爆腰和腹白，粒面发毛、生虫，有杂质。清香味不明显或无味。

（3）劣质大米 霉变的米粒表面呈绿色、黄色、灰褐色、黑色等。有结块、发霉现象，表面有霉菌丝，组织疏松。闻之有霉变气味、酸臭味、腐败味或其他异味。口尝有酸味、苦味或其他异常滋味。

（4）掺假大米 要注意识别不法商贩将陈米、霉变大米非法掺入有害物质伪装出售的大米。如用色素染绿大米，称其为“绿色食品”欺诈消费者；用工业白蜡油、甚至用有毒的矿物油“抛光”大米冒充优质大米，坑害消费者。

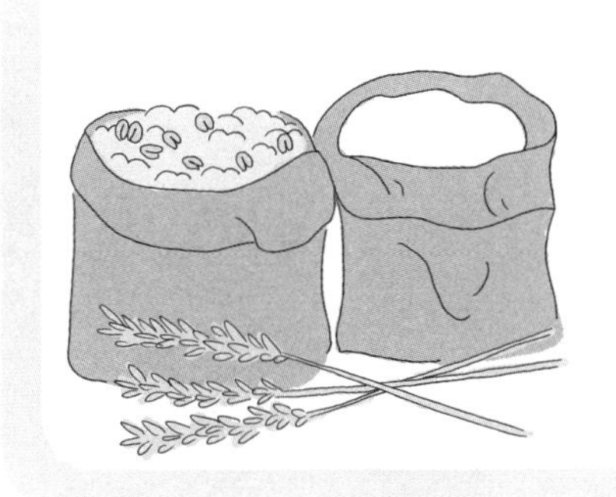

如何选购合格面粉

面粉按性能和用途分为专用面粉（如面包粉、饺子粉、饼干粉等）、通用面粉（如标准粉、富强粉）、营养强化面粉（如增钙面粉、富铁面粉、“7+1”营养强化面粉等）。按精度分为：特制一等面粉、特制二等面粉、标准面粉、普通面粉等。按筋力强弱分为：高筋面粉、中筋面粉及低筋面粉。

选购面粉时，可用看、闻、捏、认等四法鉴别其质量。

■ 看颜色

面粉的自然颜色为乳白色或微黄色。面粉颜色不是越白越好。颜色过白，可能有以下几种原因：一是像精制、高筋面粉这类制品，加工精细，颜色细白，虽然口感好、易消化，但维生素等营养成分损失较多，长期以此为主食，易导致维生素缺乏症。二是若颜色惨白或灰白，很可能是过量添加增白剂过氧化苯甲酰，或非法使用“吊白块”

（即甲醛次硫酸氢钠）。选购时尽量选购标明“不加增白剂”的面粉。另外，混有少量麸星的面粉，虽然看相较差，但营养价值较高。

闻气味

正常面粉具麦香味。若一开袋就有漂白剂味道，则为增白剂添加过量；或有异味或霉味，表明面粉遭到污染，已经变质。

捏水分

用手抓取面粉时手心有凉爽感，如握紧成团不易散开，则为水分超标。

认品牌

从标志和标签认准品牌，选购名牌产品或知名大企业产品，质量较为安全可靠。如有腐败味、霉味，颜色发暗、发黑或结块的现象，说明面粉储存时间过长，已经变质。

如何挑选放心蔬菜

选择适当的市场

到管理规范、进货渠道正规、设有检测点的大型超市、农贸市场选购蔬菜，不要购买无证的流动摊贩销售的蔬菜，因为这类销售的蔬菜往往种植面积小、周期较短，农药残留较高。

选择适时的蔬菜

可以把本地区一年四季各季主要时令蔬菜列一个表，按“季节菜表”选购，按季吃菜，顺应自然，比较安全。

选择外观正常的蔬菜

任何农产品都具有它本来的“长相”，如果某种蔬菜、瓜果长得怪模怪样，或者个头异常硕大，或者颜色鲜艳抢眼，这很可能是栽培过程中使用了某些保花保果剂以及催熟激素之类的农药。某些农药污染也可以使蔬菜变相，例如，菜市场上有一些韭菜很粗、颜色很深，就是高浓度农药造成的；还有一些蔬菜的叶子摸起来手感很滑腻，这很可能是在打农药时加了洗衣粉，因为洗衣粉可以帮助喷洒在蔬菜上的农药扩散。有的蔬菜表面残留有药斑，或闻起来有刺鼻的药味，等等。这类外观异常的蔬菜，最好不购买。

选择污染较轻的蔬菜

污染蔬菜的主要是农药与化肥。以农药来说，一般农药污染较严重的蔬菜品种主要有芹菜、韭菜、油菜、菠菜、小白菜、鸡毛菜、黄瓜、甘蓝、茼蒿、香菜等。而农药污染较轻的蔬菜品种主要有茄果类蔬菜，如青椒、番茄等；瓜果类蔬菜，如冬瓜、南瓜等；嫩荚类蔬菜，如芸豆等；鳞茎类蔬菜，如葱、蒜、洋葱等；块茎类蔬菜，如土豆、山药、芋头等。

如何选择水果更安全

所谓“选择安全的水果”，是指选购符合国家卫计委药检标准的水果，最重要的特性是农药残留低或没有。

1. 尽量购买时令水果。

2. 选购时不用刻意挑选外观鲜美、亮丽而无病斑、虫孔的水果。

3. 选购水果时用纸巾擦水果表皮，如果褪色了就是染过色的，发现色泽不一致的可能就是打蜡了，要慎重选购。

不合时令的水果需多喷洒大量药剂才能提前或延后采收上市，外观稍有瑕疵的水果无损其营养及品质，外表完美好看的水果有时反而有更多的农药残留。

7 如何购买放心猪肉

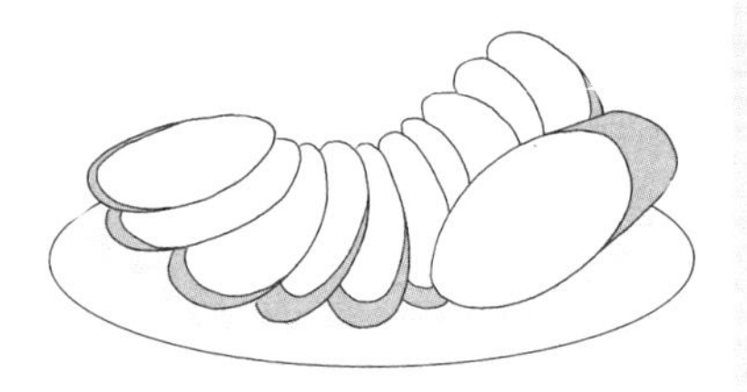

放心猪肉		
“检验合格”印章	脂肪洁白	
光泽湿润	弹性好	气味好

当心病死肉——认识病、死畜肉的特征

主要从色泽、组织状态和血管三方面鉴别。①看色泽。健康畜肉的肌肉色泽鲜红，脂肪洁白（牛肉为黄色），具有光泽；死畜肉的肌肉色泽暗红或带有血迹，脂肪呈桃红色。②看组织状态。健康畜肉的肌肉坚实致密，不易撕开，有弹性，用手指按压后可立即复原；死畜肉的肌肉松软，肌纤维易撕开，肌肉弹性差。③看血管状况。健康畜肉全身血管中无凝结的血液，胸腹腔内无淤血；死畜肉全身血管充满了凝结的血液，尤其是毛细血管中更为明显，胸腹腔呈暗红色，无光泽。病、死畜因细菌感染而急宰或中毒死亡，其肉不可食。

当心注水肉——验“水”方法有多种

如怀疑是注水肉，有多种简便验“水”方法选用，将肉放在肉案上，案面有流水或水珠；正常肉色粉红，注水肉表面色淡且有水渍；用手按压，压痕中可见渗水；用刀将肉切开深口，稍后切口有水渗出；用吸水性强的纸片贴在肉的新鲜断面上，纸片很快湿润，稍后揭下纸片用火烧，如果不易着火或火焰微弱，则为注水肉，若纸片很易着火，且火焰旺盛，则非注水肉。目前常使用较为准确的测水仪器。

当心瘦肉精——这种肉“瘦”得很特别

含瘦肉精（盐酸克伦特罗）的肉有明显特征：正常猪肉色淡红或粉红，瘦肉精肉颜色特别鲜红、光亮，肥肉太少、瘦肉太多；正常的肉，皮与瘦肉之间的脂肪层（即肥肉）较厚，约为2厘米，而含瘦肉精的其肥肉通常不足1厘米，且瘦肉与肥肉之间有黄色液体；正常猪肉的肉质好，弹性好，含瘦肉精的肉则较疏松，切成小片不能立于案上。

8 如何保存买回家的鲜肉或肉制品

鲜肉保藏

一大块肉长期食用应切成小块，用两层塑料袋或铝箔纸依每次用量包好，放入冷冻库，以后每次解冻一包，可保存半年。若买的是肉馅、肉片、肉块，只能保持1～3个月。

冷藏肉保藏

一般保鲜膜包装的冷藏肉，保存在2～5℃只能延缓部分细菌生长、繁殖，保存期限2～3天，一次不要买太多。

冷冻肉保藏

冷藏肉与冷冻肉应分开处理。买回的冷冻肉应立即放入冰箱冷冻库。如果解冻后用不完再放回冷冻库易造成污染，肉汁流失，保存期也会随之缩短。

■ 加工肉品保藏

香肠、罐肠、肉干等肉制品，买回家后应放入冰箱冷藏，吃的时候再开封。一次吃不完，应用塑料袋包好再放回冰箱，以免变质。若放入冷冻库，也要在两个月内处理，以免肉质变劣。

■ 罐头肉保藏

一般肉类罐头未开启前，可存放于室温下，但开罐后剩余部分应倒于碗内，上覆保鲜膜放在冰箱内冷藏保存。肉松或肉脯类的罐头，打开后的保存时间约为10天，打开后的吃剩部分仍应盖紧，以免潮湿发霉。

■ 煮好的肉保藏

放在冷藏室可维持5天，放入冷冻库可保持2～3个星期。存放时依次分装，并与卤汁一起冷冻，否则肉会变干硬。

肉品的大小、形态与其贮存期限有密切的关系，切片、切块后与空气接触机会多，故大块、厚切的肉较薄片、绞碎的肉贮存时间长，绞碎的肉保存期最短。

安全选购腌制类食品看哪几点

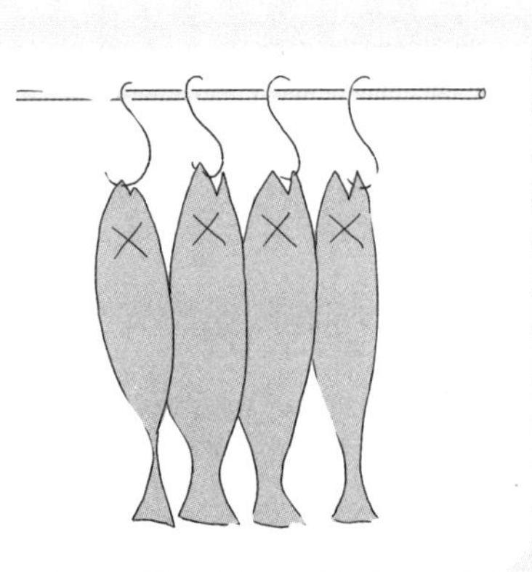

腌制肉品是人们经常购买的食品，如香肠、腊肉、板鸭等，普遍受到大众的欢迎，但腌制肉品不是健康食品，仅是风味食品，宜少吃。因腌制肉食品使用添加剂的种类较多，贮存时间较长，加之质量参差不齐，所以选购时主要看准三点。

看包装及标签

包装产品要密封，无破损，不要购买来历不明的散装腌制品。要辨认包装上的标签，标签应注明产品名称、厂名、厂址、生产日期、保质期、贮藏条件、执行的产品标准、配料表、净含量以及产品质量安全标志等。不要购买“三无”产品。

看是否过度使用添加剂

国家标准允许在腌制肉制品过程中使用桂皮、八角、草果、茴香和花椒等香料，具有着色、赋香、抑臭、抗菌、防腐和抗氧化的功能，还具有特殊的生理和药用价值。也允许限量使用亚硝酸盐，最大使用量是0.15克/千克，残留量≤30毫克/千克。亚硝酸盐的主要作用是保持瘦肉组织的色泽，赋予肉制品鲜亮的红色，产生腌肉制品的独特风味，抑制多种腐败菌群生长。限量使用是安全的，但如果经常食用超标使用硝酸盐或亚硝酸盐的腌制肉食品，对健康有损害，若一次大量摄入亚硝酸盐可致急性中毒。

看有无变质

从产品外观看，质量好的腌肉制品色彩鲜明，有光泽，肌肉呈鲜红色或暗红色，脂肪透明或呈乳白色，表面无盐霜、干爽、有弹性，肥肉金黄透明；质量差的腌肉制品肌肉灰暗无光，脂肪呈黄色，表面有霉点，肉质松软，指压后凹陷不易恢复，肉表面有黏液，有哈喇味，不可购买。

10

如何安全选购水产品

鱼

1. 摸鱼体：新鲜鱼表面黏液丰富发滑，海水鱼有咸腥味，淡水鱼有土腥味；不新鲜的鱼表面黏液少而发涩，闻有臭腥味。

2. 看鱼鳞：新鲜鱼鱼鳞较多，完整，表面发亮；不新鲜的鱼鱼鳞不完整易脱落，表面发暗。

3. 看鱼鳃：新鲜鱼鱼鳃是鲜红的；不新鲜的鱼鳃是暗褐或绿褐色，发黏。

4. 看鱼肚：新鲜鱼鱼肚完整无破损；不新鲜的鱼鱼肚有少量黑色物溢出，有的鱼肚裂损。

5. 看鱼眼：新鲜鱼眼珠亮而且微有凸起；不新鲜的鱼眼珠下凹而无光。

虾

新鲜虾的虾体清洁，外壳半透明有光泽，虾黄呈自然色。虾头与虾体连接紧密牢固，头胸部与腹部连接膜无破裂。体表色泽鲜亮，河虾呈紫青色，清晰透明，海虾呈黄色、青色、淡红色，虾肉坚实、有弹性，尾节弯曲性强，有虾腥味、无臭味。不新鲜的虾虾头与虾体连接不牢易脱落，肌肉发黏发红，无弹性，有臭味。

蟹

活蟹反应机敏，动作快速有力。新鲜海蟹呈青褐色，有光泽，腹白色，脐上部无印迹，蟹黄呈凝固状，蟹肢与蟹体连接牢固，呈弯曲状，蟹鳃微黄色，肌纤维清晰，呈束状。不新鲜的海蟹呈灰白色或暗黄色，脐上部有淡褐色印迹，腹部由乳白色变为微黄色，蟹黄散黄，可有灰黑色斑点，且有异味，肢体连接不牢易脱落，肢体不弯曲，蟹鳃灰白发黏。

11 如何正确选购蛋类

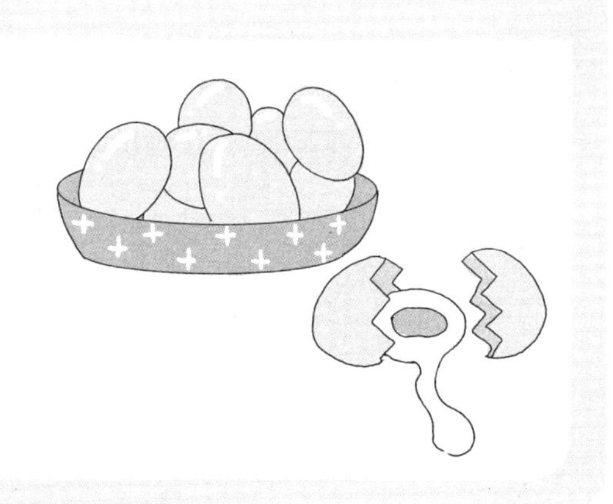

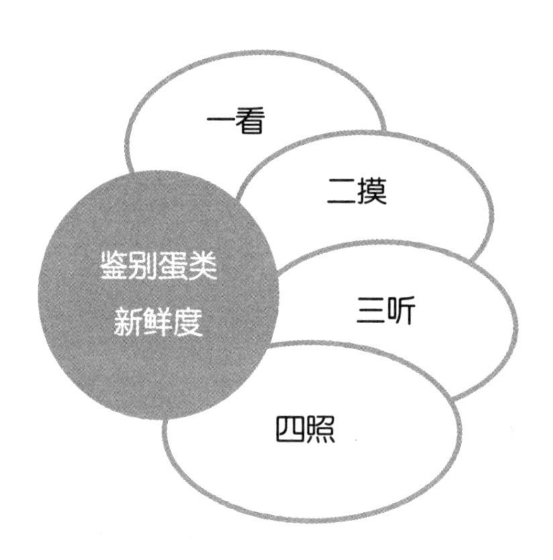

看蛋壳

首先看蛋壳。新鲜蛋蛋壳表面光洁，颜色鲜明，壳上附着一层白霜，无裂纹。陈蛋的蛋壳比较光滑，蛋壳稍暗，但未变质，仍可食用。霉蛋蛋壳表面有霉点或霉斑，多有污物。若为臭蛋，因其蛋的内容物已经腐败变质，蛋壳较滑，色泽灰暗（发乌），并有臭味，不可食用。

摸手感

蛋的质地主要靠手感。新鲜蛋拿在手中有“压手”的感觉。次劣蛋由于在贮藏过程中，时间较长，营养成分及水分不断地损失，内容物减少，所以分量较轻，无“压手”感。次劣蛋蛋壳表面发涩。孵化过的蛋外壳发滑，手感更轻。

听响声

把蛋靠在耳边摇摇，有响声的是陈旧蛋，新鲜蛋一般不响。还可将3个蛋拿在手里滑动轻碰，好蛋发出的声音似砖头碰撞声，若发出其他声音则说明蛋不新鲜。

用光照

利用日光或灯光进行照看。以左手握成窝圆形，右手将蛋的末端放在窝圆形中，对着光线透视。蛋内透明的是新鲜蛋，模糊或内有暗影的是次劣蛋；次劣蛋包括贴壳蛋、散黄蛋、霉蛋、臭蛋。在市场选购时，可带一电筒，按此法检查蛋的新鲜度。

有条件或必要时，可配制10%~20%的食盐水，把蛋放在食盐水里，新鲜蛋立即下沉，不太新鲜的蛋下沉较慢，存放较久的蛋上浮。

如何正确贮存鸡蛋

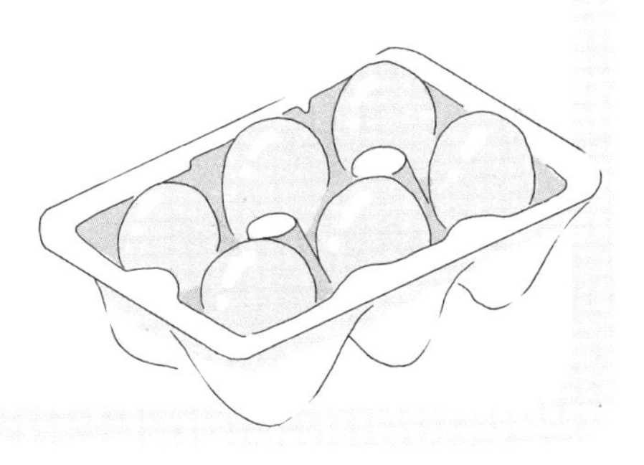

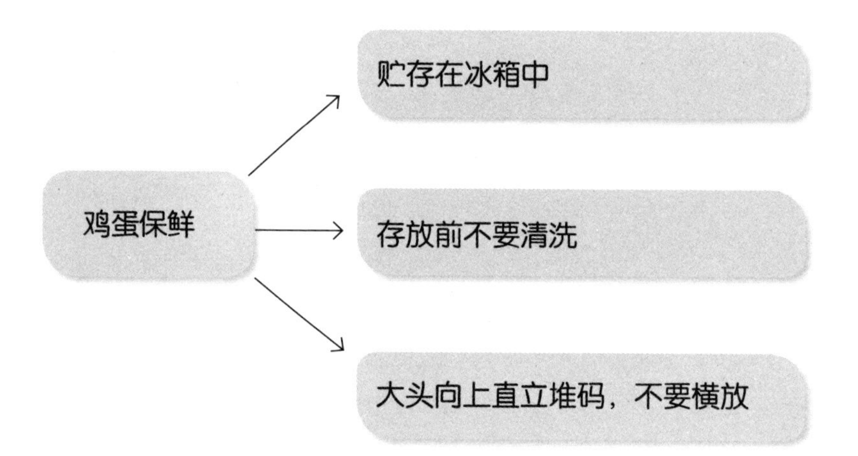

存放前不清洗，是因为鸡蛋壳上有许多像皮肤毛孔一样的气孔，还有一层很薄的膜，如果清洗就会把膜破坏掉，细菌反而容易通过气孔进入蛋内，导致鸡蛋变质。第二个原因在于，刚产的鸡蛋蛋白浓稀分布均匀，能够有效地固定蛋黄位置。但随着时间的延长和外界温度的上升，在蛋白酶的作用下，蛋白所含的黏液素逐渐脱水，慢慢地使蛋白变稀，这时蛋白就失去了固定蛋黄位置的作用。又由于蛋黄比重要轻于蛋白，鸡蛋如果横放，蛋黄就会上浮，贴在蛋壳上，形成“靠蛋黄”或“粘皮蛋”，影响质量和口感。如果码放鸡蛋时，大头向上，直立存放，就不会出现这种情况。因为鸡蛋的大头处有个气室，即使蛋白变稀，蛋黄上浮，也不会使蛋黄贴在蛋壳上。

和蔬菜、肉类一样，鸡蛋也有保质期。在2～5℃的情况下，鸡蛋的保质期是40天，而冬季室内常温下为15天，夏季室内常温下为10天，鸡蛋超过保质期其新鲜程度和营养成分都会受到一定的影响。如果存放时间过久，鸡蛋会因细菌侵入而发生变质，出现粘壳、散黄等现象。盒装鸡蛋由于经过打蜡等处理，与散装鸡蛋相比，可以稍微保存得久一些。一般能放一个月左右，但夏天入伏后到立秋这段时间的鸡蛋不可久放，只能放10～15天。

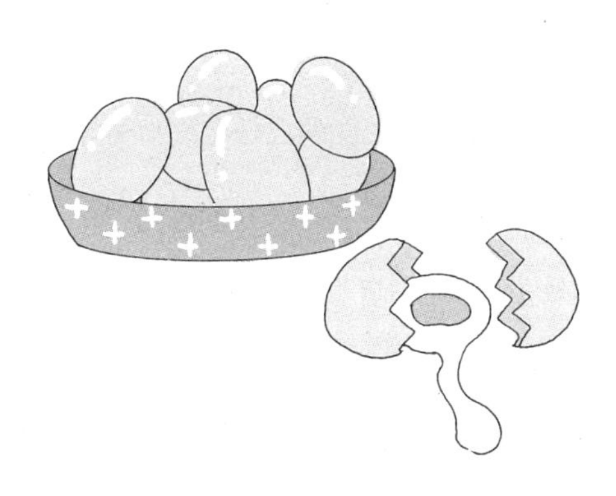

13

怎样选购优质豆制品

豆制品品种很多，如豆腐、豆腐脑、豆腐干、千张、腐竹、臭豆腐等。选购好的豆制品要掌握以下原则和方法。

豆制品选购原则

1. 最好到有冷藏保鲜设备的副食商场、超级市场选购。

2. 真空袋装较散装安全：真空袋装豆制品要比散装的豆制品卫生，保质期长，携带方便；要查看袋装豆制品是否标签齐全，选购生产日期与购买日期接近的产品。

3. 选购真空抽得彻底的完整包装。

4. 豆制品要少量购买，及时食用，最好放在冰箱里保存，如发现豆制品表面发黏时，就不要食用。

常见豆制品选购方法

（1）选购豆腐 优质豆腐呈均匀乳白色或微黄色，稍有光泽。豆腐块完整，软硬适度，有弹性，质地细嫩，结构均匀，无杂质，有豆腐特有的香味，口感细腻清香。次质豆腐有豆腥味、馊味等异味，口感粗糙。劣质豆腐块形不完整，触之易碎，无弹性，有杂质，表面发黏。过于死白的豆腐，可能使用了漂白剂。

（2）选购豆腐干 优质豆腐干表皮呈乳白色或浅黄色，有光泽，质地细腻，边角整齐，有弹性，切开时挤压不出水，无杂质，有豆香味，咸淡适口，滋味纯正。相反，凡色泽深黄或略发红，没有光泽或过于光亮，质地粗糙，且边角不齐或缺损，弹性差，表面黏滑，切开时黏刀，切口处可挤出水珠，有馊味、腐臭味、酸味或其他不良气味的豆腐干，则属次质或劣质制品。

（3）选购千张 优质千张呈白色或微黄，有光泽感，色泽均匀，结构紧密细腻，有韧性，不黏手，无杂质，并有豆腐固有的清香味，口感纯粹，无异味感。次质或劣质千张则色泽灰暗，深黄而无光泽，颜色不均，韧性差，表面发黏，闻有酸臭味或腐臭味。

（4）选购腐竹 优质腐竹颜色淡黄，表面光亮，一般为枝条或片叶状，质脆易折，无霉斑、杂质、虫蛀，口感纯正，且有腐竹固有的香味。而劣质腐竹色呈灰黄、深黄或黄褐色，无光泽，有霉斑、杂质，闻有霉味、酸臭味等不良气味。

（5）选购臭豆腐干 要“一看、二嗅、三掰”来判断是否是优质产品：首先看泡臭豆腐干的水，用于制作臭豆腐干的臭卤水应呈青黑色，而不是墨黑色，如果黑得像墨水一样，则不正常（很可能是硫酸亚铁配置的卤水）；其次闻，优质臭豆腐干应具有辛香料和植物料发酵后的香气，有鲜味、无酸味，咸淡浓度适中，如果臭味很刺鼻，则可能是加入氨水；最后掰开豆腐干看一看，里面是否较白，如果颜色灰暗则非正常发酵制品。

14

怎样安全地煮豆浆

豆浆一定要充分煮熟再喝。生豆浆中含有蛋白酶抑制剂（主要是抗胰蛋白酶因子）和皂苷等物质，这些物质比较耐热，如果豆浆未煮熟进入胃肠道，会刺激人体的胃肠黏膜，使人出现一些中毒反应，出现恶心、腹痛、呕吐、腹泻、厌食、乏力等。

通常，锅内豆浆出现泡沫沸腾时，温度只有80～90℃，这种温度尚不能将豆浆内的有害物质完全破坏。此时应减小火力，以免豆浆溢出，再继续煮沸5～10分钟后，使泡沫完全消失，这样才能使有害物质被彻底分解破坏。

生豆浆中含有丰富的蛋白质、脂肪和糖类，是微生物生长的理想条件，所以，豆浆必须煮熟烧透，才能将微生物杀死。另外，营养学家研究发现，豆浆经煮沸后还可提高其中大豆蛋白的营养价值。

15 如何选购新鲜牛奶

常温奶也要识别质量安全

市场上销售的主要是超高温瞬时灭菌牛奶（即常温下贮藏的牛奶）。选购时除了要到合格的大市场选购外，还要看看包装是否完好无损，标签内容是否齐全，特别注意保质期。捏一捏包装质感，如有很硬的感觉，可能存在变质情况。

怎样鉴定牛奶新不新鲜

新鲜牛奶为呈乳白色或微黄色的均匀胶态流体，无沉淀、无凝块、无杂质、无黏稠、无异味。新鲜牛奶含有糖类和挥发性脂肪酸，因而略带甜味和清香纯净的奶香味。将牛奶倒入杯中晃动，奶液易挂壁。滴一滴牛奶在玻璃上，乳滴呈圆形，不易流散。煮沸时无凝结和絮状物。如果奶液稀薄、发白，香味降低，不易挂壁；或滴在玻璃片上，乳滴不成形，易流散，则是掺水奶。如煮沸后稍凉，表面出现豆腐花状凝结或絮状物，表明牛奶不新鲜或已变质。

16

如何选购安全奶粉

鉴于掺假奶粉、劣质奶粉等食品安全事件时有发生，而且奶粉又是众多婴幼儿的主要辅助食品，其安全性事关重大，所以选购奶粉时要仔细鉴别，谨防鱼目混珠上当受骗。

（1）看包装 合格的奶粉包装上标签印制清晰，应标明产地、厂名、厂址、商标、成分、食用方法等项目。包装应完好无损，无漏粉现象。

（2）试手感 袋装奶粉，用手捏住奶粉包装袋来回摩擦，真奶粉质地细腻，发出“吱吱”声音。而假奶粉拌有糖，颗粒粗，发出沙沙流动声。

（3）辨颜色 真奶粉呈天然乳黄色，为干燥粉末，颗粒均匀无结块；假奶粉颜色较白，细看有结晶，或呈漂白色，或有不自然的颜色。

（4）闻气味 打开包装袋，真奶粉有牛奶特有的乳香味。假奶粉乳香甚微，甚至没有乳香味。若带有陈腐味、霉味、酸败味、苦涩味或腥味等，表明是劣质或变质奶粉。

（5）尝味道 真奶粉细腻发黏，易粘住牙齿、舌头和上腭部，溶解较慢，且有无糖的甜味。假奶粉放入口中很快溶解，不黏牙，甜味浓。

（6）看溶解速度 把奶粉放入杯中用冷开水冲，真奶粉须经搅拌才能溶解成乳白色混悬液。用热水冲泡时，有悬浮物上浮现象，搅拌时粘住调羹，无杂质，静置5分钟后无沉淀。假奶粉冷开水冲时，不经搅拌即能自动溶解或发生沉淀。用热开水冲时，溶解迅速，无天然乳汁香味和颜色，常出现水乳分离现象，有大量沉淀，甚至有杂质附壁。

17

消费者应如何选购酸奶

酸奶是细菌发酵食品，是以牛乳或复原乳为主要原料，添加或不添加辅料，经巴氏杀菌后，加入乳酸菌菌种，保温发酵制成的牛奶食品，具有很高的营养价值和多种生理功能。选购质量好的酸奶有以下5点注意事项。

1. 要选择规模较大、产品质量和服务质量较好的知名企业的产品。
2. 酸奶可分为纯酸奶、调味酸奶、果汁酸奶，购买时要仔细看产品包装上的标签，特别是配料表和产品成分表。
3. 要认真区分是纯酸奶还是酸牛奶饮料（如调味酸牛奶、果汁酸牛奶等），酸牛奶饮料的蛋白质、脂肪的含量较低，一般都在1.5%以下，所以选购时要看清产品标签内容。
4. 消费者在食用时应仔细品尝，优质的酸奶应具有的酸牛乳特有的气味，无酒精发酵味、霉味和其他不良气味。
5. 由于酸牛奶产品保质期较短，一般少于1个月，且需在2~6℃温度下保存，因此选购酸牛奶应少量多次。

18 消费者应如何选购乳酸菌饮料

乳酸菌饮料以其独特的口感和保健功能得到了消费者的认同和喜爱。随着行业的发展，乳酸菌饮料变得品牌众多，消费者选购乳酸菌饮料时，需要注意以下几个问题。

1. 严格区分发酵型乳酸饮料和调配型乳饮料。配料表中标明有乳酸杆菌的为乳酸菌饮料；如配料表中无乳酸杆菌或标明含有乳酸，则不是乳酸菌饮料。

2. 乳酸菌饮料分活性和非活性两种。消费者可通过产品标签的说明分辨产品是活性或非活性，活性乳酸菌饮料未经高温灭菌，一般需在2～8℃条件下冷藏；非活性乳酸饮料通常会在标签上说明发酵后经高温灭菌，无需冷藏，常温保存即可。

3. 注意产品包装及生产日期。购买乳酸菌饮料时应注意，如发现包装异常，如涨袋或饮料结块、有异味等现象，说明该饮料已变质，不能再食用。

4. 选择知名品牌。消费者在购买乳酸菌饮料时，应尽量选择行业知名品牌。

19

选购食用油的要领是什么

健康

购买正规厂家生产的健康卫生的食用油，不买散装油和来路不明的食用油及其制品。

保健

目前很多食用油厂商都推出了各种各样的保健类食用油产品，如添加了玉米甾醇、维生素A、海藻油等保健成分的食用油，还有直接用富含多不饱和脂肪酸的油料植物生产的食用油，如葵花子油、花生油、芝麻油、玉米胚芽油等。我们可以根据自家情况选择一些对小孩、老人有健脑益智、调节血脂等保健作用的食用油。

节约

在选择食用油时，我们没必要一定选择那些高端产品，像橄榄油、纯花生油等，一般的大豆油、谷物调和油等完全可以满足日常的营养需要。高端产品中所含有的多不饱和脂肪酸等成分，我们可以通过其他途径来摄取（如坚果类食物）。

20 怎样用简单的方法辨别香油的好坏

在一碗清水中滴入一滴香油，若是纯香油，在水中是形成薄薄的油花，随后便很快扩散，凝结成若干个油珠；若是掺假香油，则形成的油花小而厚，而且不易扩散。因为水的表面张力比香油大，香油滴在水面上，就会在水的张力作用下向四周散开，棉籽油等假冒香油的张力比水大，所以水的张力无法将其“拉散”。

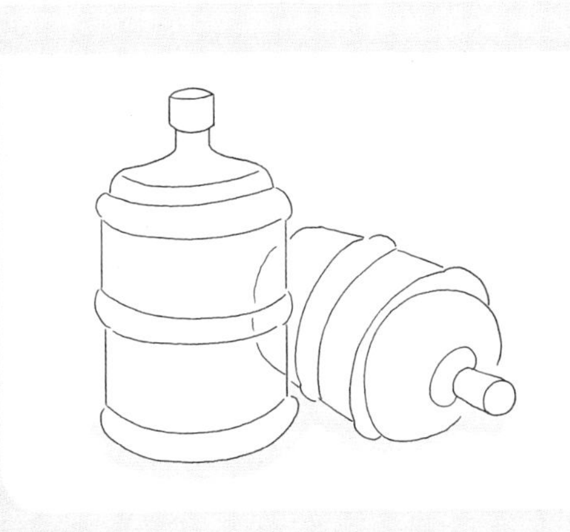

21 如何安全选择桶装水

（1）购买桶装饮用水一定要认真选择供水商，选择有一定规模、产品质量和服务质量较好的企业，并且在送水上门后，仔细检查桶封上的生产日期和桶盖上的标签，看两者是否一致。

（2）要认真查看，正规厂家的水桶用食品级PC材料制成，外观透明光滑，呈均匀纯正的淡蓝色或天蓝色，无杂质、斑点和气泡，轻拍桶壁，声音清脆且有韧性。劣质桶透明度差，颜色为深蓝色或紫色，桶身摸上去高低不平，特别是瓶口摸着刺手。

（3）即使是质量较好的桶装饮用水，开封后放置时间太长也易滋生细菌，通常应在一周内饮用完。尤其是在炎热的夏季，温度高，细菌繁殖速度快，桶装饮用水更不能久存。

（4）保存桶装饮用水最好放在避光、通风阴凉的地方，避免在阳光下暴晒。

（5）消费者购买饮水机时应尽量购买知名品牌，还要警惕饮水机的二次污染，注意定期清洗饮水机。

22 怎样用简单的方法鉴别白酒、啤酒、红酒的好坏

白酒

取1滴酒置于手心，双手摩擦片刻，酒生热后发出的气味清香，为上等酒；若气味发甜，则为中等酒；若气味苦臭，必为劣质酒。

啤酒

通常最直观的鉴别方法有色泽鉴别、泡沫鉴别、香气鉴别和口味鉴别。其中最实用的是泡沫鉴别：倒入杯中时起泡力强且泡沫达1/2～2/3杯高、洁白细腻、挂杯持久（4分钟以上）的为良质啤酒；倒入杯中泡沫升起、色较洁白、挂杯时间持续两分钟以上的为次质啤酒；倒入杯中稍有泡沫但消散很快，有的根本不起泡沫或起泡但泡沫粗黄，不挂杯，似一杯冷茶水状的为劣质啤酒。只有起泡性和泡沫质量

好的啤酒，其泡持性和挂杯性才好，泡沫质量差的啤酒其泡持性和挂杯性不可能好。

红酒

最简单的方法是将红酒少量滴于白色纸巾上，观察酒被纸巾吸收后留下的痕迹。如果留下均匀的红色痕迹，酒比较纯正；如果酒的痕迹颜色很浅但均匀，则酒不够纯正；如有一圈红晕，中间却为淡色或无色，则有掺假可能。因为酿造红酒时，在发酵过程中葡萄皮会被保留，果皮的天然色素是均匀分布的，而添加的人工色素不能均匀分布。

23

如何正确选购调味品

选购调味品，总原则是要求看准其包装或瓶子上的标签，选购正规厂家、标签明晰、认证标志清楚的产品。因为调味品的主要品质在于其色、香、味，并兼有一定的营养价值。因此，下面主要介绍如何利用各种调味品固有的色、香、味性状来鉴别其优劣的方法。

酱油

（1）颜色　正常酱油为红褐色，品质好的颜色会稍深一些，应无沉淀、无浮膜。生抽酱油颜色较浅，老抽颜色较深。但如果颜色太深，甚至近乎墨色，则表明其中加了焦糖色素，香气、滋味就会差一些。因此，酱油颜色不是越深就越好。如果色浅，不浓稠，香气和鲜味很淡，甚至没有，可判断为掺水。如果酱油掺入大量食盐，可增加其浓稠和色调，但尝之味苦涩。

（2）香气　传统酿造酱油散发脂香气，但现大多为勾兑酱油，脂香气不明显。如果闻有臭味、煳味、异味等，都是不正常的。

（3）味道 口尝味醇厚适口，滋味鲜美，无异味的为优质酱油。生抽酱油味道较淡，味较鲜；老抽酱油味道较浓，鲜味较低。如尝有酸、苦、霉、涩等不良味道，是劣质酱油。

醋

（1）味道 选购醋应把尝味放在首位。蘸一点醋口尝，好醋酸味柔和、醇厚、香而微甜，入喉顺滑不刺激。由冰醋酸勾兑的醋味道则比较涩，劣质醋甚至明显有“扎嗓子”的感觉。同时要注意标签上注明的总酸度，即醋酸含量。对酿造醋来说，醋酸含量越高说明食醋酸味越浓，比如总酸度6%的就比3%的好。购买时，食醋标签上标明总酸含量在5%以上的，通常不需要添加防腐剂。

（2）颜色 优质醋呈棕红色或褐色（米醋为玫瑰色、白醋为无色）。认为好醋的颜色应该比较深，这是一个误区。醋的优劣并非取决于其颜色深浅，而是看它颜色是否清亮，有没有过量的悬浮物和沉淀物。质量差的醋颜色可能会过深或过浅，且有不正常的沉淀物；但冰醋酸勾兑的醋，颜色却清亮，这是购买时要注意的。没有加增稠剂和焦糖色素的醋，质地浓厚、颜色浓重的品质较好，不必追求透明。而由淀粉、糖类发酵的醋，因含有丰富的营养物质，瓶底会有薄薄一层沉淀物，食用时不必担心。

（3）香气 好醋有浓郁的醋香，在酸味之余，能闻到粮食、水果发酵后的香味，熏醋还会有熏制的香气。而质量较差的醋往往醋味较淡或酸味刺鼻。

味精

（1）味道 优质味精品尝起来，有冰凉感，有明显浓烈的鲜味，且有点鱼腥味，无明显咸味，易于溶化。如果口尝有苦、咸或涩味而无鲜味及鱼腥味，说明掺入了食盐、尿素、小苏打等物质。如果尝后有冷滑、黏糊之感，并难溶化，可能掺入了石膏或木薯淀粉。如尝有甜味，则是掺入了白糖。

（2）颜色 优质味精为洁白、有光泽、基本透明的晶状体，呈大小均匀的长形颗粒，颗粒两端为方形，无杂质，无其他不均匀的颗粒物质。如混有不透明、不洁白光泽的颗粒，则可能是掺假物质。

（3）香气 优质味精闻起来无气味、无异味。如有异味则可能有掺入了其他物质。